우리, 왜 일 년이나
세계 여행을 가는 거지?

여행
관광
방랑

재승우 · 명유미 지음

북클라우드

프롤로그 _ 여행을 시작하며

인천 공항에 도착해 수속 카운터에서 짐을 부치고 탑승권을 받았다. 비행기 출발 시간까지 한 시간쯤 남았다. 우리 부부는 탑승구 앞의 긴 의자에 아무 말 없이 한참 앉아 있었다. 누가 먼저 말을 꺼냈는지 모르겠다.

"우리, 왜 일 년이나 여행을 가는 거지?"

직장을 19년이나 다녔다. 언젠가는 인생의 두 번째 스테이지로 넘어가야 한다고 생각하고 있었는데, 지금이 그때라는 생각이 들었다. 어차피 뭔가 새로 시작하려면, 더 늦는 것도 좋지 않다. 그 막간에 굵은 획을 하나 긋자고 했다. 그것이 세계 여행이다. 이것저것 기회가 들어맞았다. 집안 상황도, 아내의 일도, 심지어는 적당한 때 전세 계약도 끝났다.

안성맞춤으로 때가 들어맞는다는 생각에 덥석 기회를 잡았지만, 그 기회에 저지르기로 한 일이 왜 세계 여행인가에 대해서는 깊이 생각해본 적 없다는 것을 공항 대기실에 앉아 비행기를 앞에 두고 깨달았다.

아주 오래전, 대학생 때 다니던 영어 회화 학원의 교재에 이런 예문이 있었다. 한 서양 청년이 대학교를 졸업하고 세계 여행을 떠난다는 설정이었다. 무엇을 하고 살 것인지 답을 얻기 위해 여행을 떠난다고 했다. 오랫동안 그 교재의 예문이 기억에 남았다. 내가 세계 여행을 동경한 기억이 있다면, 이것이 유일하다. 청년은 여행에서 돌아와 선생님이 되었다.

우물쭈물하는 사이에 우리의 여행이 시작되었다. 그 청년은 인생의 답을 구하기 위해 여행을 했다면, 우리 부부는 우리 여행에 대한 답부터 구해야 할 처지였다.

우리는 중앙아메리카의 멕시코에서 여행을 시작했다. 남미를 여행하고 북미로 갔다. 아이슬란드를 거쳐 유럽으로 넘어가 여러 개의 국경을 넘었다. 터키와 이란에서 시간을 많이 보냈고 동남아를 거쳐 한국으로 돌아왔다. 딱 일 년이 지나 있었다.

여행을 끝내고 우리의 경험들을 정리해 책으로 엮었다. 고생을 사서 하는 치열한 여행자들은 따로 있다. 우리는 푹신한 잠자리에서 자고 따뜻한 밥을 꼬박꼬박 챙겨 먹으며 다니는 흔한 여행을 했다. 많은 여행기들이 그렇듯이, 남들이 보면 별것 아닐 이야기들을 감격에 겨워

구구절절 풀어놓았다. 나는 그런 여행기를 열심히 찾아보지는 않는다. 그런 내가, 여행기를 쓰고 있다. 이런.

정말 묘사해야 할 어떤 감정의 격동은 글솜씨가 모자라 옮기지 못했다. 적어도 두 가지만은 알아주시길 바란다. 이 책에서 아내와 싸웠다고 말하는 것은 세상의 종말을 맞는 것처럼 몸과 마음을 바쳐 싸웠다는 의미이고, 피곤했다는 말은 쓰러져 죽어버릴 것 같이 피곤했다는 이야기임을.

내 장모님은 딸과 결혼하는 사위에게 '하고 싶은 것을 하면서 살게'라고 하는 멋진 분이시다. 무뚝뚝하지만 정이 깊으신 장인어른은 여행내내 그만하고 돌아오라고 걱정해주셨다. 인생의 모든 순간이 기회임을 우리 부부에게 가르쳐주신, 하늘에 계신 나의 부모님께도 감사하고 싶다. 무엇보다 멋진 여행을 함께해준 아내가 고맙다. 정말로.

2015년 8월
채승우

contents

01
첫 번째 대륙

02
두 번째 대륙

03

세 번째 대륙

04
네 번째 대륙

01
첫 번째 대륙

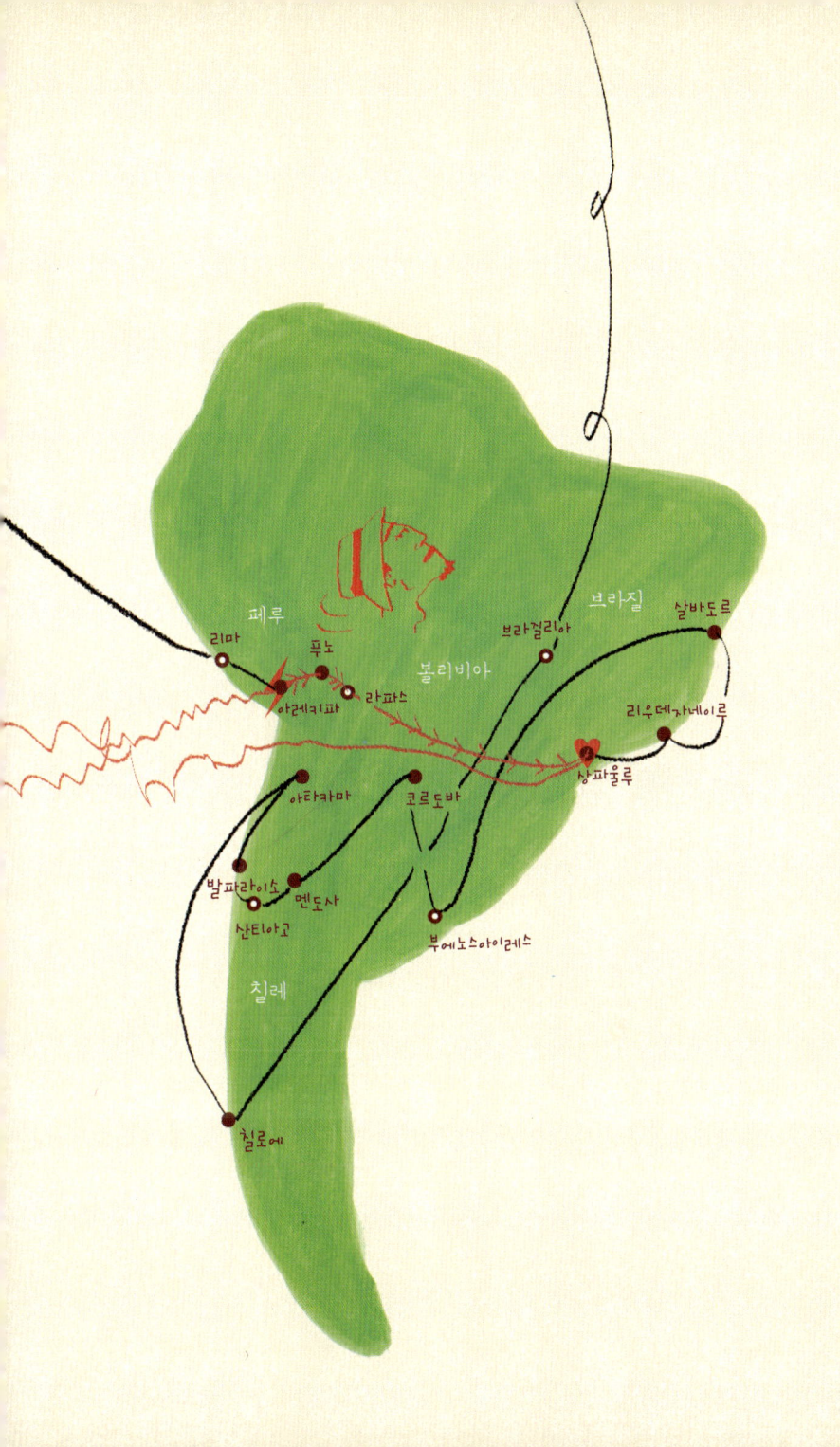

───────── 깃발

'당신은 당신만의 깃발을 가지고 있는가?'
라고 묻고 있었다. 칠레의 고속도로에서 우리 버스 옆을 스쳐 지나간
광고판이었다. 광고판이 무엇을 광고하는지는 모르겠다. 그 후 몇 주
에 걸쳐 우리는 우리의 깃발을 만들었다. 세상을 여행하는, 혹은 세상
을 사는 각자가 자신만의 깃발을 갖는다면 멋질 것 같았다. /채

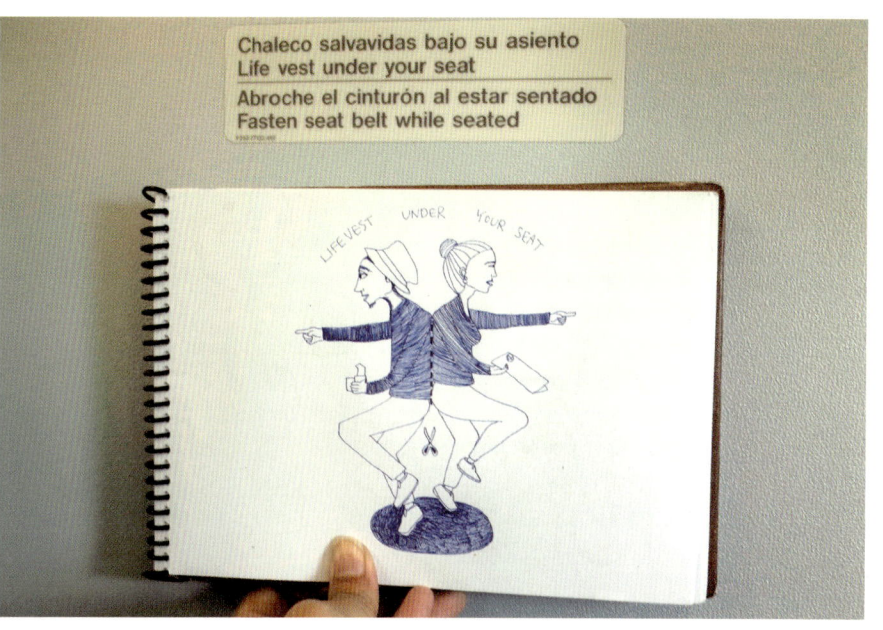

아내는 깃발의 디자인으로 등이 붙어 한 몸인 부부를 그렸다.
무슨 그리스 로마 신화에 나온 이야기다. 점선과 가위도 그렸다.
뜬금없지만 그림은 맘에 들었다.

브라질 상파울루 도심의 다리 아래서 백여 명의 시민들이
카니발 연습을 하고 있었다. 우리가 처음 만난 카니발 팀이었다.
빽빽한 빌딩 숲 사이에서 울리는 북소리는 우리를 잔뜩 들뜨게 만들었다.

리우의 난장판도 좋았지만 상파울루의 이 동네 카니발은 지나치지 않아서 더 좋았다.
도시에서도 잘 놀 수 있다는 것을 보여줬다. 아기자기한 분장을 한 사람들이 모여서
노래를 따라 부르며 나흘 내내 골목을 누볐다.

브라질 카니발

페루 안데스 산맥 위의 어디쯤, 아내의 고산병 때문에 우유니 사막과 마추픽추를 포기하고, 여행 계획을 전면 수정하고, 비행기 표를 환불하려고 느린 인터넷과 싸우고, 결국 저가 구입이라 환불이 안 된다는 답변을 듣는 동안 오기가 치밀었다.

"그래, 브라질 카니발에 가자!"

여행을 시작하며 아내가 대략의 여행 계획을 발표했을 때, 그 계획에 의하면 우리의 여정은 남미 대륙을 시계 반대 방향으로 도는 것이었다. 멕시코에서 시작해 칠레가 먼저고 브라질은 맨 마지막이었다. 날짜로 보자면 브라질의 카니발이 끝난 한참 후에 도착하는 것이었는데, 사실 속으로 다행이라고 생각했다. 그냥 브라질도 위험하다는데 하물며 카니발 기간에는 그곳에 가고 싶지 않았다. 브라질 월드컵을 앞두고 꼬마들이 소매치기 연습을 하고 있다는 소문도 있었다.

그랬던 것이 순전히 오기 때문에 '그래, 가자'로 바뀌었다. 그래 놓고 다시 스멀스멀 걱정이 시작되었다. 좋은 것만 생각하기로 하자.

깃털 장식으로 가슴을 아슬아슬하게 가린 미녀 무희가 하루 종일 거리에서 춤을 추는 모습을 생각하다가도, 곧 주변의 인파에 휩쓸려 길을 잃는 악몽으로 빠지는 일이 반복되었다. 하지만 어쩌랴. 이미 계획은 변경되었고, 비행기 표는 새로 구입했다.

한 가지 다른 이야기인데, 남미의 비행기 표 가격은 정말 이상하다. 볼리비아에서 페루의 리마를 거쳐 브라질 상파울루로 가는 비행기가 있는데, 리마에서 상파울루로 가는 구간만 사는 것이 전체 구간의 가격보다 비싸! 그것만이 아니다. 리마에서 상파울루로 가는 비행기의 편도 가격이 상파울루를 갔다 돌아오는 왕복 비행기 표보다 비싸다! 편도 표를 사는 것보다 왕복표를 산 후 한 장을 버리는 것이 더 저렴한 것이다. 이런 요지경 세상이 또 있을까 싶다.

이 정도면 우리가 몇 번 수정한 비행기 표의 환불을 위해 골치 꽤나 썩었던 이야기는 안 해도 충분히 상상하실 수 있을 거라 믿는다. 아, 우리는 비행기가 싫다!

브라질 카니발 퍼레이드를 보러 가는 나의 저가 비행기는 볼리비아에서 새벽 4시에 출발해 남미를 지그재그로 날다가 그날 오후에 상파울루에 내렸다. 그리고 공항에서 기다리던 아내를 만났다(아내는 이스터 섬에서 왔다. 며칠간의 첫 번째 별거가 끝나는 순간이었다).

우리는 상파울루에 반했는데, 상파울루 이야기는 조금 후로 미루자. 카니발 이야기를 하기 위해선 리우데자네이루 이야기를 먼저 하는 것이 좋겠다. 리우가 브라질 카니발의 대표 도시임은 분명하니까.

브라질 정부는 매해 카니발 기간을 정하는데, 공식적인 기간은 2월 말 혹은 3월 초의 주말을 낀 4~5일 정도다. 나와 아내가 리우데자네이루에 간 것은 공식적인 카니발 기간의 2주일쯤 전이다. 이미 도시는 카니발 분위기에 젖어 있었다. 두어 달 전부터 카니발 준비가 시작되고, 한 달 전부터는 삼보드로모 공연장에서 매 주말 삼바 학교들의 리허설이 열린다. 크고 작은 동네 카니발의 행진도 계속 이어진다. 일요일 오후, 우리는 큰 규모의 행진이 열린다는 리우의 명동으로 갔다.

한마디로 말하자면, 그날의 리우는 난장판이었다. 거대하고 화려한, 로봇으로 변신하기 전의 트랜스포머처럼 보이는 트럭이 한 대 있었고, 그 위에 커다란 스피커가 주렁주렁 달렸다. 비트가 강한 음악이 흘러나오자 트럭 주위로 사람들이 모여들었다. 이상하게 보이려고 온 노력을 다한 모습들이었다. 여자 속옷을 입은 남자들, 남자들보다 더 야해야 한다고 믿는 여자들이 모였다. 손에는 독한 브라질 술 카샤샤 병을 들었다. 웃통을 벗은 남자애들이 아무 데나 올라가 춤을 춘다. 쓰레기통은 물론이고 남의 집 담에도 올라갔다. 깃털로 장식을 한 무희는 없다. 제멋대로 춤추고, 마신다.

우리는 다른 곳으로 가보려고 지하철을 탔다. 지하철 안에서도 난리가 났다. 문이 열리자 환호성을 지르며 몰려든 놈들이 객차 안에서 노래를 부르며 춤을 춘다. 턱걸이 경연대회를 하는 놈들도 있다. 제일 얌전한 이는 웃통을 벗은 채 나비넥타이를 메고 앉아 있던 청년이다. 사진을 찍으니 더 신이 났다. 지하철 기둥을 잡고는 봉춤을 춘다.

일요일의 리우를 보려고 우리는 살바도르행 비행기 표의 날짜를 변경했다. 원래 전날 떠나는 표는 두 장에 20만 원 하는 저가 표였는데, 여기에 40만 원을 더 냈다.

'아! 내가 이 꼴을 보려고 비행기 표까지 바꿨단 말이냐!'

이런 혼란을 견디기에 우리는 너무 피곤했다. 일단 숙소로 돌아가자. 지하철역에서 나오는데 저쪽에서 재미있는 북소리가 들린다. 일요일 동네 복장의 아줌마 아저씨들이 보도블록 위에 줄 맞춰 서서 뭔가를 두드리고 있다. 크고 작은 북들을 들고 멨다. 물론 한쪽에는 맥주가 쌓여 있다.

이렇게 동네별로 열리는 카니발을 '블록 카니발'이라고 한다. 규모는 다양하다. 낮에 만났던 대형 트럭도 그 동네의 블록 카니발이다. 이날 하루 리우에서만 십수 개의 블록 카니발이 열렸고, 우리는 그중에서 다섯 개 행렬을 보았다. 어린이를 위한 카니발에서부터 주민들끼리 동네를 도는 카니발까지 있었다.

우리가 지하철역 앞에서 만난 아줌마 아저씨들은 그다지 북 연주에 소질이 없었다. 아니면 의욕이 없었거나. 맨 앞에 흑인 청년이 지휘자로 섰는데 마음에 안 드는지 연신 맥주만 들이켠다. 이 장면이 맘에 걸리긴 했다.

브라질의 북들은 가난한 산동네의 주민들이 드럼통과 깡통으로 만들어 함께 연주했다는 기원설이 있다. TV의 삼바 퍼레이드에 나오는 화려한 북 행렬도 거기서 시작됐다.

동네 주민들이 모여서 함께 북을 치던 처음 모습을 상상해보았다. 시간이 지나면서 많이 변했을 것이다. 도시는 점점 도시화되고, 젊은이들은 시내를 난장판으로 만들러 나갔다. TV에서는 삼바 공연장의 화려한 행렬을 비춘다. 지하철역 앞의 아저씨 아줌마 밴드의 맥 빠지는 연주는, 점점 마을이 도시가 되면서 변하는 모습일 듯했다.

리우의 난장판을 뒤로 하고, 다음 날 우리는 살바도르로 이동했다. 브라질 북부 바이아 주의 도시 살바도르는 포르투갈 식민지 시절 아프리카 노예를 들여오던 항구다. 브라질의 첫 수도이기도 하다. 지금도 브라질 아프리카 문화의 중심지다. 사람들의 모습이나 차림새도 아프리카에 더 가깝다.

살바도르는 자신의 카니발이 브라질에서 가장 큰 규모라고 자랑한다. 카니발 기간 중 도시의 세 군데 거리에서 행진로가 건설되는데, 그 길이가 길다는 뜻이다. 사람들은 길 양쪽에 관중석을 짓고 비싼 값에 자리를 팔아먹는다.

며칠 동안 거리를 막아놓으니 근처의 대중교통은 아예 노선이 없어져버린다. 낮에는 일하러 가는 사람들이 피난민처럼 특별버스를 기다리고, 밤에는 구경꾼들이 도시 전체에서 좀비처럼 이 거리로 몰려든다. 골목에 맥주가 산더미처럼 쌓여 있다. 오늘 밤에 팔 맥주다.

조심하라는 경고를 너무 많이 들은 탓에 우리는 정말 주머니에 아무 것도 넣지 않고 카니발 행렬로 다가갔다. 리우의 난장판과 다를 게 없 다. 차이라면 그 커다란 트럭이 더 커다랗고, 더 많고, 행렬은 끝없이 길다는 것이었다. 트럭 위에 공연장을 만들고, 브라질의 인기 가수들 이 탔다. 거리를 가득 채운 사람들이 트럭에서 울리는 브라질 팝 음악 에 맞춰 몸을 흔든다. 트럭을 따라 춤을 추며 걷는 사람들은 똑같은 색 조끼를 입었다. 그 주위로 밧줄을 둘러 영역 표시를 했다. 밧줄을 잡고 걸으며, 이동식 나이트클럽의 인간 칸막이 역할을 맡은 젊은이 들이 일당 벌이를 하고 있다. 밧줄 안으로 들어가기 위해선 트럭별로 다른 색 조끼를 사 입어야 한다. 싸지 않다. 하지만 걱정 없다. 거리 여기저기서 짝퉁 조끼를 팔고 있다.

사람이 너무 많으니 트럭이 지나가는 속도가 느리다. 트럭이 앞으로 나가지 않아도 노래는 불러야 한다. 트럭 위의 가수는 힘들어 죽겠다 는 표정이다. 트럭이 지나가면 관중석을 지어놓은 건물 주인이 나름 대로 음악을 튼다. 여기저기서 흘러나오는 음악이 뒤섞여 소음이 된 다. 한 브라질 여성은 이 밤들을 '천국'이라고 묘사했다. 굉장한 일탈 의 밤이다.

'카니발의 아침'이라는 재즈 명곡이 있다. 영화 〈흑인 오르페우스〉에 나오는 보사노바 곡이디. 힌국에서 친구들과 놀이 삼아 만든 재즈밴 드에서 함께 연주했었다. 그런 경험이 있으면 왠지 카니발 다음 날의 아침을 기대하게 되는 법이다. 카니발의 아침은 어땠을까?

거리는 맥주 냄새와 지린내가 요동쳤다. 아직까지 쓰러져 자는 사람도 있다. 공항에 가기 위해 택시를 탔는데 자리가 젖어 있다. 기사 아저씨는 카니발이니까 괜찮단다. 뭐가 괜찮은 거냐?

도대체 TV에서 본 깃털 장식의 무희는 어디 있는 걸까? 그들은 리우의 삼바 전용 공연장 삼보드로모에서 행진을 한다. 삼보드로모는 동대문 운동장 관중석을 일직선으로 펴놓은 것처럼 생긴 카니발 전용 장소다. 리우데자네이루의 도심에 있다. 그곳에서 삼바 학교라고 불리는 팀들이 행진을 한다. 가운데에 거대한 조형물이 지나가고 그 주변에 악대와 댄서들이 따른다. 조형물 위에 바로 깃털 장식의 그녀가 있다. 방송 카메라가 비추기에는 최고의 구성이다.

브라질 문화를 공부한 친구의 말에 따르면, 이 삼보드로모의 행진 혹은 공연은 TV 시대와 함께 부흥한 것이라고 한다. 방송이나 사진에 최고로 적응된 모습이다. 당연하게도 그 이미지가 삼바의 대표 이미지로 남았다. 동양의 한 관광객 부부는 그 이미지를 머릿속에 그리며 브라질을 찾아간 것이다.

한 시간 간격으로 한 팀씩 새벽 3~4시까지 화려한 행진이 이어진다. 기다리기 지루하지만 편하게 앉아서 구경하기에는 최고다. 브라질 젊은이들은 '그래도 난 거리에서 노는 게 더 좋아. 삼보드로모에는 안 갈 거야'라고 했다. 그럼, 물론이겠지.

카니발이란 무엇인가? 예수가 고행에 들어가는 것을 기리는 기독교의 행사에 기원이 있다. 예수를 따라 고행에 들어가기 전 마지막으로 잘 먹자는 의미, 한 번 잘 먹고 그만 먹겠다는 의미를 담고 있는 단어가 카니발이다. 우리가 식당 메뉴판에서 제일 처음 배운 브라질어는 맥주 세르베이사였고, 두 번째로 배운 것이 카르네, 즉 고기였다. 카니발과 같은 어원을 갖는다. 카니발을 고기 '육(肉)' 자를 써서 '사육제'라고 풀이하는 이유도 거기에 있다.

시간이 지나면서 카니발은 사회 안에서 중요한 역할을 하게 되었다. 민중들이 한바탕 놀면서 묵은 한을 털어내는 기회가 되었다. 광대가 왕 분장을 하고 남자가 여성으로 변장을 했다. 교회에서 춤을 추고 신부를 조롱했다. 제도와 질서를 전복시키는 시간이었다. 쌓였던 것을 모두 배설함으로써 오히려 사회 질서를 유지하는 장치가 되었다.

그러니, 카니발은 직접 참가해야 하는 것이다. 뛰어들어서 놀아야 한다. 멋진 구경거리를 기대한 것은 나의 잘못이었음이 확실하다. 멋진 퍼레이드를 보겠다는 욕심을 버리니 비로소 브라질의 카니발이 보이기 시작했다.

따져보면 뭔가 구경하겠다고 잘못 생각한 것은 내 잘못만이 아니다. 우리가 한국에서 보았던 축제는 모두 그런 것뿐이었다. 누군가 앞에서 볼거리를 제공하고 대부분의 사람들은 그냥 구경을 했다. 보고 있는 것이 뭔지도 모르면서 구경을 한 듯하다. 구경한다는 것은 그럴 수밖에 없다. 오래전에는 한국에도 놀이가 있었다. 마을 사람들이 모여 노는 놀이였다. 그것들은 다 어디 갔을까?

우리 부부는 대륙의 남쪽으로 내려가기 위해 다시 들른 상파울루에서

홍겨운 사람들을 만났다. 한 동네의 블록 카니발이었는데, 사람들은
이 동네의 카니발이 전통적인 카니발에 가깝다고 말했다. 트럭 대신
앰프를 실은 손수레를 끌고, 그 주변에서 네댓 명의 악대가 연주를 했
다. 북과 기타, 나팔들이다. 리우의 거대한 모형 대신 아기자기한 인
형이 들것 위에 실렸다. 이 동네 사람들만이 아니라 상파울루 여기저
기에서 재미있는 분장을 한 사람들이 모여들었다. 함께 노래를 부르
며 골목을 누빈다. '나는 물이 아니라 술을 원해'라는 후렴구를 반복한
다. 다행히 맥주 파는 아저씨의 손수레가 뒤를 따른다. 그렇게 즐거울
수가 없다. 우리는 오랫동안 그들의 뒤를 따라 걸었다. /채

살바도르 카니발이 난장판이라고 말했지만 – 실제로 난장판이었지만 –
살바도르 옛 도심에서 매일 이어지는 행렬들은 멋졌다.
트럭이 들어올 수 없는 좁은 골목에서 화려한 아프리카 블록 행렬과 리허설들이 매일 열렸다.

─────── 칸돔블레 교회와 콘돔

아프리카 문화의 흔적인 칸돔블레 교회가 살바도르의 산동네에 있다. 칸돔블레는 노예들이 가져 온 아프리카의 종교가 브라질식으로 변형된 것이다. 교회 벽에는 기독교의 성자들과 칸돔블레의 신들이 나란히 놓여 있다.

소년들이 두드리는 북소리가 분위기를 고조시키면 세인트들이 담배를 피우기 시작한다. 교회 안이 담배 연기로 가득 찰 때쯤, 마을 사람들이 하나씩 앞으로 나가 세인트들로부터 영혼 정화 의식을 받는다.

세인트 대장이 설교를 하며 콘돔을 나누어 준다. 옆자리의 아저씨가 카니발이어서 주는 거란다. 이 교회가 산동네에서 실제적인 역할을 하고 있다는 점을 보여준다. 할머니도 꼬마도 남녀노소 구분 없이 두 개씩 받아들었다. 우리는 합이 네 개다. /채

의식이 시작되기를 기다리는 동안 마을 사람들에게 둘러싸여
이런저런 이야기를 나누었다. 중국의 인구문제에서 한국의 자동차까지.
사람들은 주말에는 성당에 간다고 했다. 칸돔블레는 브라질의 전통이란다.

─────── 여행은 위험한가

"남미는 위험하지 않은가요?"

우리 부부가 남미에서 여행을 시작했다고 하면, 열 명 중 아홉 명은 이렇게 물었다. 실은 우리도 다르지 않았다. 우리 부부도 여행길에서 우리보다 고수인 여행자들을 만나면 비슷하게 묻곤 했다.

"혼자 캠핑 하는 것은 위험하지 않아요?"

"여자가 히치하이킹 하면 위험하지 않아요?"

"노숙은 위험하지 않나요?"

그들의 답은 한결같았다.

"어디서나 조심해야 하는 것은 같아요. 큰 도시에서나 작은 도시에서나, 여행을 할 때나 아닐 때나 조심해야죠. 조심만 한다면 특별히 더 위험한 곳은 없지요."

그러곤 곧 내 어리석은 나머지 궁금증을 눈치채고 이렇게 덧붙였다.

"이렇게 여행하는 것은 단지 여행 경비 때문이 아니에요. 이렇게 여행하고 나면 더 큰 것을 얻을 수 있다고 생각해요."

여행은 얼마나 위험한 것일까? 여행자에게 악명 높은 브라질을 여행하고 나서 우리는 여행에 대한 경고가 어쩌면 지나치게 과장된 것일지도 모른다고 생각하게 되었다. 페루에서 브라질로 넘어가기 전, 페루 아레키파에서 만난 친구가 우리에게 말했다.

"페루는 안전하지? 그래도 브라질에서는 조심해."

그래, 페루 여행은 무사히 마쳤다. 비록 처음 아레키파로 오는 길에서는 바들바들 떨었지만 말이다. 나스카에서 아레키파로 이어지는 고속도로는 세계에서 가장 위험한 도로 중 하나라고 여행 가이드북에 소개되어 있었다. 강도들이 사고를 위장해 야간 고속버스를 멈춰 세우니 조심하라고 쓰여 있었다. 그런데 뭘 어떻게 조심해야 할까? 버스 안 승객 중 한 명이 강도로 돌변해 운전사를 위협해 차를 세우기도 했단다. 차가 멈추면 기다리던 무리들이 달려들어 승객들의 돈을 빼앗고 여성 관광객들을 폭행한 일도 있었단다. 남미 여행을 막 시작한 우리는 잔뜩 쫄아서 버스에 올랐다.

그 후 페루와 볼리비아를 즐겁게 여행하고 브라질로 가는 길에 아레키파에 다시 들렀다. 페루에서 전부 한 달 정도를 보냈는데, 우리가 만난 사람들 모두가 표정은 무뚝뚝하지만 선하고 친절했다.

브라질 여행의 첫 도시 상파울루는 아주 세련된 도시였다. 택시는 아무런 흥정 없이 미터기에 표시된 금액을 지불하면 되었고, 운전기사는 잔돈을 거슬러 주며 '따봉?'이라고 물었다. 안 믿는 분도 있을 텐데, 지하철역의 자판기에서 니체와 칸트의 책을 팔고 있다. 정확히 말하자면 내용을 요약한 보급판인데, 아이 둘을 데리고 가던 아주머니가 니체를 사는 것을 우리는 분명히 봤다. 청각 장애인을 위한, 키보드 입력이 소리로 바뀌는 공중전화기는 상파울루에서 처음 보았다.

우리는 상파울루의 호스텔에 짐을 풀고 도시 구경을 나가면서 로비에서 컴퓨터를 만지작거리던 축구 유니폼을 입은 직원에게 물었다.

"혹시 상파울루가 위험하냐? 우리가 뭔가 조심해야 할까?"

그는 우리 질문에 이렇게 답했다.

"천만에! 아주 안전해. 그런데 너희 리우 간다고 했지? 리우에서는 조심해. 리우는 위험하니까."

리우데자네이루에서 나는 산동네 빈민가인 파벨라를 구경하러 갔었다. 불쑥불쑥 솟은 산봉우리 풍경으로 유명한 리우의 그 산봉우리에는 가난한 사람들이 여전히 모여 살고 있다. 어떤 파벨라의 사람들은 아직도 정부와 싸우고 있는가 하면, 일부 파벨라는 관광지가 되어 있다. 한 가이드북에 산동네는 위험할 수 있으므로 - 혹은 관광객의 지출이 동네 사람들에게 가기 위해선 - 반드시 가이드와 함께 가야 한다고 쓰어 있었다.

얼굴이 하얗게 된 후의 마이클 잭슨이 'They Don't Care About Us'의 뮤직비디오를 찍었다는 파벨라를 찾아갔다. 가파른 동네 언덕을 오르는 엘리베이터가 있었는데, 그 앞에서 술을 마시던 아저씨들이 엘리베이터가 유료인 척 내게 돈을 받으려다가 너무 취해 있던 바람에 실패하고 말았다. 그 아저씨들 외에는 마일스 데이비스를 꼭 닮은 아줌마가 길을 잘못 든 내게 바른 길을 알려주었을 뿐, 다른 사람들은 나에게 아예 관심이 없었다.

우리 호스텔의 젊은 직원은 여행을 왔다가 리우에 눌러 앉은 호주 사람이었다. 그는 내게 파벨라를 찾아가는 길을 알려주며, '걱정 마. 안전한 곳이니까'라고 말했다. 그는 리우가 안전한 곳이라고 했다. 그리고 덧붙였다.

"하지만 살바도르는 조심해. 위험하니까."

살바도르에서 우리의 첫 번째 숙소는 구도심 안쪽에 있었다. 관광객이 많이 찾는 곳이고 경찰도 자주 눈에 띄었다. 경찰이 없더라도 문제없을 듯한 곳이었다. 이미 브라질에서 몇 주를 보낸 터라 모든 것이 익숙해진 후였다. 구도심에서 지도를 보며 길을 찾고 있는데, 옆에 서 있던 경찰이 말을 걸었다.

"이 지역 바깥쪽으론 나가지 마, 위험하니까."

노내제 어니가 위험한 서냐? 살바노르의 중심 구역 바깥? 우리는 버스를 타고 여기저기 구경을 다녔다. 아무 일도 없었다. 물론 조심했다. 아주 늦은 시간에는 인적이 드문 곳에 가지 않았고, 평소에도 소지품과 주머니 물품 관리를 잘했다.

어쩌면 지금 사람들은 '여기가 아닌 다른 어느 곳이 위험한 여기'에 살고 있는 게 아닐까? 그래서 다른 곳으로 가지 않고 여기에 사는 것을 안심하면서 살고 있는 건가? 우리도 거기에 가기 전엔 그곳이 무서웠다. 그 무서움의 원인은 상상력이었다. 공포는 상상력의 산물이었다. 조심할 필요는 있다. 아니, 절대로 조심해야 한다. 하지만 어딘가의 안전이 걱정된다는 이유로 여행을 주저하는 것은 현명하지 못하다.

우리에게 가장 무서웠던 곳은 소위 저개발국이 아니었다. 미국 샌프란시스코였다. 그렇게 노숙자가 많은 곳은 처음 봤다. 왜 노숙자가 많을까? 한 미국 친구는 고개를 갸우뚱하며 답했다.

"글쎄, 아마 날씨가 좋으니까 샌프란시스코로 찾아오는 게 아닐까?"

샌프란시스코 노숙자의 많은 수는 약에 취해 있었다. 뭔가에 취해 있는 사람만큼 무서운 대상이 없다. 제정신인 사람과는 달라서 예측할 수도 없고 대응할 수도 없다. 샌프란시스코의 호스텔 직원은 지도를 펼쳐놓고 몇 개 블록 위에 볼펜으로 빗금을 박박 그었다. 그러곤 '이곳은 위험하니까 가지 마'라고 말했다. 그 빗금 한쪽 끝에 우리 호스텔이 붙어 있었다.

뉴욕에서 우리는 이스트 할렘에 있는 호스텔에 묵었다. 센트럴 할렘이 아프리카계 흑인들의 할렘이라면 이스트 할렘은 스페인계, 즉 중남미인의 할렘이다. 센트럴 할렘보다 이스트 할렘이 더 위험하다는 판정도 들려왔다. 우리 호스텔 아래층에는 샌드위치 가게가 있었는데, 푸에르토리코 출신의 아저씨가 남미인 특유의 함박웃음을 지으며 '올라!' 하고 인사를 했다. 남미에서 방금 넘어 온 우리에게는 그 언어가 친근했다. 아침에 잠이 덜 깬 나는 동네 구멍가게에 가서 Bread를 달라는 대신 '빵'을 달라고 했는데 척척 알아듣는다. 푸에르토리코('부유한 항구'라는 뜻) 출신의 썩 부유해 보이지 않던 아저씨는 '여행자에겐 도시락이 필요하지'라며 우리에게 큼지막한 샌드위치를 싸주었다. /채

P.S 남들이 우리에게 공포를 조장했듯이, 우리 역시 이 글에서 공포를 조장했을까 걱정되어 몇 마디를 덧붙이려고 한다. 남미의 장거리 버스에 대해서다. 우리가 버스를 타본 경험에 의하면, 대부분의 장거리 버스들은 운전석과 승객의 자리가 아예 분리되어 있다. 운전사들은 다른 문으로 운전석에 타고 내리며, 버스 아래 짐칸 자리에 마련된 취침석에 교대로 들어가 잠을 잔다(장거리 버스의 운전사들은 두 명이다). 그러니 버스 납치에 대한 염려는 없다. 혹여 버스가 예정되지 않은 곳에 멈추어 서면, 모든 버스를 위성을 통해 감시하고 있던 버스 회사의 중앙통제실에서 조치를 취한다는 내용의 안내 방송이 버스 안 모니터에 흘러나왔다. 자체 제작 안내 동영상이 보여주는 버스 회사의 중앙통제실은 나사의 우주관제센터만큼 멋있게 생겼다.

결국 나도 리우 이파네마 해변의 축구 장면을 찍고 말았다.
머리로는 관습적인 사진을 피하고 싶었으나,
모른 척하기에 이파네마 해변의 석양은 너무 멋졌다.
공이 산봉우리에 얹혀버렸으니 이 지루한 게임도 끝났으면 좋겠다.

영화 〈흑인 오르페〉의 배경은 리우데자네이루의 이 산동네다.
영화의 첫 장면에서도 한 소년이 연을 날리고 있다. '빨리 기타를 연주해봐,
해가 뜨게 하란 말이야'라며 소년들이 주제가를 연주하는 마지막 장면도 멋지다.

첫 비행에서 가방을 분실하고 나니, 그 후로는 공항에서 나올 때마다 가방이 걱정이었다.
미국의 공항에선 면세점을 구경하고 천천히 나와 보니
우리 가방 -오른쪽 두 개- 이 멀뚱히 주인을 기다리고 있었다.

여행의 가방

아주 오래전에 나는 내가 짊어질 수 있는 배낭 하나만큼의 물건만 소유하며 살고 싶다고 생각했었다. 나름 멋있는 생각이라고 생각하여 아내와 데이트하던 시절부터 떠들곤 했는데, 아뿔싸! 그것이 내 발등을 찍을 줄이야. 내가 뭔가 사들일 때마다 아내는 그 구절을 들이대며 비웃었다. '뭐? 배낭 하나만큼만 가지고 산다며?' 하고 말이다.

등에 질 수 있는 무게만큼만 가지고 살겠다니, 참으로 낭만적이고 허황된 생각이다. 일 년 동안 사용할 여행 가방을 싸는 일은 내 배낭 하나 이론을 실천에 옮기는 기회였다. 성공할 수 있을까?

여행을 한두 주쯤 남기고 나와 아내는 본격적으로 가방을 싸기 시작했다. 필요한 물건들을 일단 모아놓고 마지막에 한 번에 가방에 넣을

작정이었다. 겨울옷을 싸면 너무 짐이 많아질 것이므로 겨울을 피해 다니는 것으로 해결했다. 회사를 그만두는 날짜, 여행을 시작하는 날짜는 모두 전세 계약이 끝나는 날짜를 기준으로 계산되었다. 12월 초 출발이 된 것은 전세 날짜 때문이었고, 남미 대륙에 먼저 가기로 한 것은 그곳이 여름이기 때문이었다.

왠지, 아내가 인터넷으로 이것저것 주문할 때부터 불안했다. 가방을 싸면서 결국 충돌이 생겼다. 무슨 샴푸와 로션을 그렇게 많이 가지고 가는 거냐? 샴푸 통이 아내의 짐 가방 절반을 차지하고 있었다.

아내는 자기가 쓰는 샴푸를 남미에서는 구할 수 없을 거라며 4개월 동안 사용할 샴푸를 가져가야 한다고 주장했다. 남미에 가본 적이 없으니 샴푸를 파는지 안 파는지 몰라 강력하게 반박할 수가 없었다. 그래도 가방 절반이 샴푸라니 그건 너무했다. 나는 비누 하나를 쌌단 말이다. 비누로 세수도 하고 목욕도 하고 머리도 감으면 되는 것 아닌가? 우리는 서로를 이해하지 못한 채로 합의했다. 샴푸와 로션을 한 통씩 빼는 것으로.

속으로는 '네 가방이 무겁지, 내 가방이 무겁냐?'라고 생각했지만, 어리석은 생각이었다. 아내 가방에서 넘치는 것들은 전부 내 가방으로 들어왔다.

내 가방도 한심하긴 마찬가지였다. 일단 충전기 무게가 대단했다. 내가 쓸 카메라와 아내의 카메라용 충전기가 세 개였다. 노트북의 전선이 긴 충전기, 아이패드와 스마트폰용 충전기는 그래도 작은 편이었다. 여기에 전자책과 면도기 충전기가 있고, 카메라 플래시용 배터리와 충전기까지 추가되었다.

무겁다. 커다란 비닐 봉투 안에 시커멓게 엉켜 있는 충전기 전선들을 보면서 인류의 미래를 걱정했다. 만약 충전을 못하게 되면 인류는 어떻게 살 수 있을까?

여행을 준비할 때 만약의 경우에 대비하는 것은 절대로 나쁜 일이 아니다. 하지만 짐을 싸는 문제에서는 깊이 생각할 필요가 있다. '만약을 대비하자'라는 생각이 가방을 무겁게 하는 데는 한도가 없기 때문이다.

우리는 방충 기능이 있는 시트를 하나씩 샀다. 얇은 침낭처럼 생겼다. 나의 옛 인도 여행 경험 때문이었다. 아내가 빈대와 벼룩 때문에 여행을 포기하게 하고 싶지는 않았다. 그러려면 방충 시트 말고도 더 확실한 것이 필요했다. 인터넷에서 본 대로 김장용 비닐을 넓게 자르고 붙여 침대 깔개를 만들었다. 참기 힘든 침대를 만나면 그 위에 깔 작정이었다. 비닐 침대보를 만들고 나니 마음이 한결 놓였다. 결과를 이야기하자면, 이 비닐 깔개는 단 한 번도 쓰지 않았다. 남미는 여행을 위한 방편들이 아주 잘 갖추어져 있었다. 장거리 버스도 편리하고, 호스텔들은 깨끗했으며, 대부분 인터넷으로 미리 예약할 수 있었다. 우리의 김장 비닐 깔개는 8개월쯤 가방에 들어 있다가 동유럽에서 쓰레기통으로 들어갔다.

아내가 인터넷으로 주문한 물건들 속에는 가방들을 엮어 묶는 데 쓴

다는 강철 재질의 로프, 번호 자물쇠가 달린 고리, 접었다 폈다 할 수 있는 컵, 조립식 수저와 젓가락들이 포함되어 있었다. 조립식 수저와 젓가락은 조금만 힘을 세게 가하면 분해되고 말았다. 뭔가를 집을 때마다 다시 조립을 했다. 이들은 여행 초반에 소포가 되어 한국으로 돌아갔다. 강철 로프는 주로 빨랫줄 역할을 했고, 자물쇠가 달린 고리는 여행지에서 선물로 나누어 주었다. 그 밖의 여러 가지가 여행 초반에 멕시코와 페루의 우체국에서 한국행 소포에 들어갔다.

이렇게 싼 가방은 각각 20킬로 정도가 되었다. 노트북과 카메라는 따로 메고도 그랬다. 이 20킬로 가방을 어떻게 짊어지겠나? 가방에 바퀴가 달려 있길 정말 다행이었다. 이 가방의 바퀴들은 덜덜거리는 돌길을 건디지 못하고 여행 중간에 고장이 났다. 아내는 6개월 만에, 나는 8개월 만에 가방을 새로 샀다. 여행의 고생을 함께했다는 생각 때문인지 고장 난 가방과 헤어지는 데 마음이 영 쓸쓸했다. 헤어져야 할 물건들을 열심히 사진으로 찍고 있으니 아내가 또 웃는다. 비웃음이 분명하다.

나는 아내의 샴푸 짐을 이해하지 못한 채 여행을 시작했는데, 아내를 이해할 기회가 의외로 빨리 왔다. 우리 여행의 첫 도시에서 발생한 가방 분실 사건 때문이다. 인천 공항에서 출발한 우리는 캐나다에서 비행기를 갈아타고 멕시코시티에 도착했다. 밤 10시쯤 공항에 내렸지만 가방이 따라오지를 않았다. 뭐, 이 정도는 흔히 있는 일이다. 항공사 직원은 한 사람당 두 장의 서류를 빡빡하고 꼼꼼하게 작성하면서 가방은 3일 후쯤 올 것이라고 말했다. 비행기에서 보낸 시간까지 합하면 4일이었다.

우리는 아무것도 없이 호스텔 생활을 시작했다. 아내는 호스텔에서 나누어 준 비누를 들고 샤워실에 들어갔다. 나는 방에서 잠시 졸았나 보다. 깨어보니 시간이 꽤 지났는데 아내가 아직도 돌아오지 않았다. 이런, 샤워실에서 쓰러지기라도 했나? 그때쯤 아내가 방으로 돌아왔다. 뭔가를 건디는 듯한 표정이었다.

내 카메라들은 충전 신호를 보내기 시작했다. 카메라는 직접 메고 왔지만, 충전기는 모두 가방 안에 들어 있다. 반짝반짝, 배터리 모양 눈금의 마지막 한 칸이 나를 노려보며 반짝인다. 손바닥에 땀이 나기 시작했다. 하루만 더 버티면 된다. 내일이면 우리 가방이 온다.

4일째 되는 날, 우리는 업무 시간이 시작되자마자 공중전화로 공항에 전화를 걸었다. 항공사 직원의 대답은 이랬다.

"몰라. 네 짐이 어디 있는지 여기서는 알 수 없어."

안 돼! 이럴 수는 없는 거다. '짐 도착이 연기되었다'도 아니고, '아프리카로 가버렸다'도 아니고, '몰라'라니! 아무리 멕시코지만 너무한 것 아니냐? 우리는 중남미에 대한 우리의 온갖 편견을 동원해 공항 직원을 욕했다. 다리에 힘이 쏙 빠져서 근처 벤치에 주저앉았다. 어떻게 해야 하지? 여행을 포기해야 하나? 아내가 뭐라고 말을 히느데, 횡설수설이다.

일단 대형마트에 가서 필요한 것들을 샀다. 속옷과 양말, 티셔츠 하나씩, 샴푸와 로션, 선크림 - 그렇다. 멕시코에서는 모든 상표의 샴푸를 살 수 있었다 - 구할 수 있는 충전 장비까지 일단 구입했다. 호스텔로 돌아오는 길도 쉽지 않았다. 아내는 갑자기 구토 증세를 일으켰다. 어찌 어찌 방까지 돌아온 우리는 그대로 침대에 뻗어버렸다.

어이없게도 우리의 가방은 우리가 쇼핑을 하는 사이에 호스텔에 와 있었다. 호스텔 직원에게 뭐라도 도움을 구해 보려고 로비로 갔더니, 나를 보고 웃으며 '야, 너희 가방 왔다!' 한다. 뭐가 좋다고 웃는 호스텔 직원이 얄미워 보였다.

가방 두 개는 신기한 보물 상자 같았다. 가방 두 개 안에 우리가 필요한 모든 것이 들어 있었다. 가방 두 개면 얼마든지 살 수 있을 것 같았다. 실제로 우리는 그렇게 했다. 가방 두 개만으로 일 년을 살았다. 여행을 시작하면서 전셋집을 정리하고 세간을 창고에 넣어놓고 왔다. 이삿짐을 나르는 트럭 두 대가 움직였다. 서울에서 가지고 살던 짐들은 다 뭔가?

멕시코시티에서의 작은 소동으로 얻은 게 또 하나 있다. 우리는 상대의 짐이 그에게 얼마나 절실한지 알게 되었다. 각자 사정이 있고 필요한 게 있는 법이다. 우리는 다른 방법으로 사는 사람들을 존중하기로 했다. /채

맥시코는 뒤섞인 것들이 지금도 서로 살아 꿈틀거리고 있다.
그중에서도 성당은 유럽의 바로크 양식과 중남미의 토속 종교가 멋지게 섞여 만들어진 결과다.

멕시코의 상상력

우리가 여행한 나라들 중에서 인상적이었던 나라를 정말 몇 개만 꼽아야 한다면, 그 안에 멕시코를 넣고 싶다. 세계화의 바람 속에서 사는 모습이 모두 비슷비슷해지는 요즘, 멕시코만큼 개성을 가지고 있는 나라도 드문 것 같다. 그다지 큰 기대 없이 간 곳이기 때문에 더 좋았는지도 모른다. 그런 점에서 멕시코를 여정에 넣은 우리는 운이 좋았다.

옥수수로 만든 토르티야에 기름진 소시지와 구운 고기로 속을 채운 타코, 스페인이 건설한 은광 도시의 구불구불한 언덕길, 마을 사람들 모두가 부족 문양의 옷을 입고 사는 산속 마을, 현존하는 반국가 세력 사파티스타, '죽은 자의 날' 축제와 해골 모양의 장식품들, 그리고 챙이 넓은 모자를 쓰고 기타를 퉁기며 라쿠카라차를 부르는 마리아

치들이 멕시코를 멕시코답게 만
든다.

거기에 빼놓을 수 없는 것이 아
즈텍과 마야 문명의 유적들, 그
리고 울트라 바로크 건축이다.

울트라 바로크란 스페인 사람들이 남미를 점령하면서 가지고 들어온
서양의 건축 양식인 바로크가 남미의 분위기와 어울려 제멋대로 커버
린 것이다. 멕시코의 성당들에서는 유럽의 바로크 건축에서는 절대
로 볼 수 없는 기괴한 분위기가 넘쳐난다.

아메리카의 고대문명 중 가장 나중의 것인 아즈텍 문명과 서양의 바
로크 건축은 멕시코 여러 곳에서 만나고 있다(왜 그들을 고대문명이라
고 부르는지 모르겠다. 왜 모르는지 이유가 곧 나온다). 두 다른 문명의 유
적은 말 그대로 만나서 같이 서 있다(그 이유도 뒤에 나온다). 그중 대표
적인 곳이 멕시코시티의 중심이라 할 수 있는 헌법 광장이다. 광장 주
변에는 대통령궁과 대성당들이 둘러서 있다. 웅장한 바로크 양식의
대성당 바로 옆에는 유적 발굴 현장이 있는데, 아즈텍의 최고의 신전
'템플로 마요르'다. 1970년대에 우연히 발견됐다.

신전만으로도 놀라운데 유럽식 성당과 나란히 있는 것을 보니 더 신
기했다. 한쪽은 징교한 대리석 징식에 뾰족한 딥과 웅장한 돔을 가진
건축이고, 한쪽은 돌덩어리를 거칠게 쌓아올려 만든 피라미드다. 또
한쪽은 세련된 옷깃을 휘날리는 성인과 꽃나무 덩쿨의 문양이 조각되

어 있는 데 반해, 한쪽에는 도깨비를 닮은 형상과 사람의 심장을 제물로 바친 제단이 있다. 아즈텍인들은 오랫동안 사람을 제물로 바쳤다. 이 신전은 얼마나 오래된 것이고 얼마나 오랫동안 땅속에 묻혀 있었을까? 설명서를 자세히 읽어보았다.

그런데 두 건물의 실제 건축 시기를 비교해보니 차이가 그리 크지 않다. 아니, 크지 않은 게 아니라 비슷한 시기의 건축이라고 해도 될 판이다. 나는 두 가지가 놀라웠다. 하나는 비슷한 시기에 두 세계에서 만든 건축물이 이렇게나 다르다는 점에 놀랐고, 또 다른 하나는 아즈텍 문명이 그렇게 오래되지 않았다는 점, 아니 정확히 말하자면 우리가 아메리카 문명에 대해 잘못 알고 있다는 점에 놀랐다. 나는 아메리카 문명이란 귀신과 외계인이 조우하던 시대의 이야기인 줄 알았단 말이다.

이 건축에 대한 자세한 내력은 이렇다. 중앙아메리카 땅 북쪽의 수렵 민족 아즈텍족이 이곳에 정착한 것은 1325년이다. 이들은 독사를 문 독수리가 선인장 위에 앉으면 그곳에 정착하라는 신의 계시를 받고 있었는데, 이 전설의 내용은 지금 멕시코의 국기 위에 그려져 있다. 이때부터 자신들을 '멕시카'라고 불렀다. 1390년쯤 신전을 짓기 시작했다. 이들은 1500년쯤 주변을 통일하고 아즈텍 제국을 이룬다. 그로부터 불과 20년 후, 스페인의 코르테스가 이곳을 점령한다.

처참하게 원주민을 살육하고 멕시카를 점령한 스페인인들은 곧바로 신전을 허물고 새 도시를 건설하기 시작했다. 원래 그 일대는 호숫가의 습지였기 때문에 허문 신전으로 바닥을 다져야 했다. 습지가 아닌 곳에서도 신전은 성당으로 대치되었다. 대성당의 건축이 시작된 것은 1573년이다. 건축가들은 스페인 본토의 성당을 모델로 새 건물을 지었다. 그러니 이 건물의 디자인은 1573년보다 더 오래된 것이다. 아즈텍의 신전과 스페인의 성당은 시간적으로 100년도 떨어져 있지 않다. 참고로 우리의 경복궁 역시 1395년에 지어졌다. 아즈텍의 신전과 아주 비슷하다.

그렇게 오래되지도 않은 아즈텍 문명을 '잃어버린 신비한 세계'라고 부른다면, 그 이유는 단지 사람들이 기억을 잃어버렸기 때문이다. 아즈텍이 신기한 것이 아니라 어떻게 과거를 송두리째 잃어버렸는지가 신비할 따름이다.

스페인 정복자들이 원주민의 기록물들을 의도적으로 파괴한 까닭도 있다. 『신의 지문』의 저자 그레이엄 핸콕은 광신적인 수도사들이 중앙아메리카 곳곳에서 철저하게 수집한 기록들을 한곳에 모아놓고 불태웠다고 한다. 예를 들어 1562년 신부 디에고 데 란다는 수천 점에 이르는 마야의 그림 이야기와 상형문자가 조각된 사슴 가죽들을 불태웠다.

비어 있는 기억의 틈에 상상이 끼어들어 갔다. 정복자들의 입장에서 꾸며낸 이야기, 고고학자들의 해석과 관광객의 공상이 사실을 점점 깊숙이 묻어버렸다.

아즈텍과 마야, 잉카 문명은 그렇게 사라졌다. 그들의 모습은 흔적으로만 남아 있다. 그것을 보는 일은 또 다른 상상력을 발휘하는 일이다. 멕시코를 여행할 때뿐만 아니라, 세계 여행을 하는 내내 우리에게는 묻혀버린 것을 발굴하는 상상력이 필요했다.

예를 들면 멕시코의 수호성인인 검은 성모 '과달루페' 이야기다. 과달루페 성모는 1531년 12월 12일 멕시코시티의 한 언덕에서 멕시코 청년 앞에 나타났다는 전설을 가지고 있다. 청년의 옷자락에 모습을 남김으로써 멕시코의 수호성인이 되었다. 스페인 정복자들이 원주민들을 기독교도로 바꾸려고 노력하던 시기였다. 노예 생활을 하던 원주민들은 일요일에 성당에 가지 않으면 매를 맞았다고 한다. 그러던 그들 앞에 검은 성모가 나타났다는 것은 스페인인들의 상상에 원주민들이 공모하는 과정을 보여준다. 과달루페가 나타났다는 언덕은 아즈텍 여신의 신전이 있던 곳이라고 한다. 아즈텍 제국의 여신이 기독교의 옷을 입고 변형되었을 가능성이 있다.

우리는 멕시코시티의 헌법 광장에서 뱀 가죽으로 만든 짧은 옷을 입고 깃털을 머리에 꽂은 무당들이 북을 치며 춤을 추는 모습을 봤다. 깃털 달린 뱀은 멕시코의 전설에 등장한다. 무당들은 땅속에서 반쯤 모습을 드러낸 아즈텍의 신전 템플로 마요르로부터 영험한 기운을 받을 수 있기 때문에 이곳에 모인다고 했다. 춤을 추다가 기념품을 팔기도 하고, 사람들에게 영혼 정화 의식을 베풀기도 한다. 이 무당들 역시 상상 위에서 춤을 춘다. /채

멕시코시티의 과달루페 성당에 순례자들이 도착했다.
멕시코 사람들의 신앙은 대단하다. 사람들은 각자의 고향을 출발해 타고
걷기를 반복해서 며칠 만에 이곳에 도착한다.
마지막으로 성당 앞의 성물 판매점에서 성화를 사 들고 축복받기를 기다리고 있다.

여행의 요리

여행을 시작한 그날부터 남편에 대한 미안함이 조금씩 쌓이고 있었다. 그래도 남자라고, 계단만 나타나면 자기 트렁크에다 내 것까지 이고 지고 갔기 때문이다. 건물의 계단, 지하도의 계단, 버스와 기차의 계단, 세상 방방곡곡에 계단이며 둔턱이 참 많았다. 몇 나라의 호스텔에는 건물 안에 휠체어용 이동 시설이 꼬박꼬박 갖추어져 있는 게 눈에 띄었다. 정말 휠체어를 타고 세계 여행을 할 수 있을까? 우리가 만난 계단만 생각해봐도 휠체어나 유모차를 사용하는 사람들의 곤란을 상상할 수 있다. 아무튼 나는 나랑 여행을 함께 한다는 이유로 지지 않아도 될 짐을 지는 남편에게 미안해지던 참이었다.

나의 이 미안함을 순식간에 역전시켜버릴 수 있는 기회를 곧 맞이했는데, 그것은 여정이 보름쯤 지나서 묵었던 한 호스텔의 부엌에서였다. 뭘 해 먹을까 고민하다가 그간 혼자서 여행을 많이 해본 남편에게 여행 중 맛있게 해 먹었던 메뉴를 물어봤다. 남편의 반응은 시큰둥했다. 여태까지 대부분의 여행에서 딸기 잼과 버터를 사 가지고 다니며 빵이랑 먹었다는 것이다. 게다가 싸다고 좋아하며 산 것은 버터가 아니라 마가린이었단다.

'세상에, 쯧쯧! 짐꾼이 그렇게 먹어선 힘을 못 쓸 일이지. 나랑 여행을 하는 게 얼마나 좋은지 맛보라고.'

이렇게 속으로 한껏 으스대며 나는 요리를 시작했다.

여행 내내 우리는 하루에 한 끼는 호스텔 부엌에서 요리를 했다. 매 끼니를 사 먹자니 쉬운 일이 아니다. 건강에도 좋지 않다. 몇 끼 외식할 돈을 모아서 맛있는 식당에 한 번 가는 것도 현명한 선택이었다.

처음에 우리가 음식을 해 먹기로 한 주된 이유는 경제적인 것이었지만, 여행을 끝낼 때쯤엔 직접 장을 보고 요리를 하는 과정에서 많은 것을 배웠다는 걸 알았다. 요리하길 잘 했다. 생활을 하기 위해 시장에 가는 것은 구경하기 위해 재래시장에 들르는 것과는 다른 경험이었다.

우리는 멕시코의 타스코라는 오래된 은광 도시의 숙소에서 첫 요리를 했다. 스페인 사람들은 원수빈이 파낸 은으로 산기슭에 멋긴 도시를 건설했다. 비탈진 골목을 따라 시장이 있었다. 우리는 장을 보러 가면서 물건을 조금씩만 살 수 있을지 걱정했다. '마늘 한 통만 살 수 있어요?'라고 물었을 때, 할머니는 활짝 웃으며 마늘 묶음에서 한 통을 뚝 꺾어 내밀었다. '또 뭐 필요해?' 하고 물으면서. 포장된 대로 사야 한다는 생각은 한국에서 마트만 이용했던 우리의 편견이었다. 파는 사람과 사는 사람이 직접 얼굴을 보고 이야기할 수 있는 시장은 뭐든지 가능했다. 우리는 그날 마늘 한 통, 고추 한 줌, 감자 한 알을 샀다.

중남미의 많은 재래시장에는 냉장고가 없었다. 타일로 만든 진열대 위에 소나 닭을 그대로 올려놓고 팔고 있다. 상인들은 그날 잡은 것이기 때문에 냉장고가 필요 없다고 했다. 오히려 이곳 사람들은 냉장고에 들어 있는 고기의 신선도를 의심한단다. 정육점 주인은 닭 목에 칼집을 내놨는데, 상처의 피가 선홍색이면 신선한 것이라고 했다. 닭의 전체 모습을 보면 그 놈이 얼마나 건강하게 자랐는지 알 수 있다. 한국 마트에 예쁘게 진열된 고기보다 이게 더 건강한 것일 수도 있겠다. 그래도 이 더운 나라에 냉장고는 있었으면 좋겠다.

시장에서 장사하는 분들과 손짓 발짓으로 이야기하며 돌아다니는 동안 '우리가 요리할 수 있는 것'을 요리해서 먹자는 처음 계획이 점차 바뀌었다. 시장의 재료들은 '이곳에서 맛있게 먹을 수 있는 것'이 뭔지 알려주었다.

우리가 이번 여행에서 발견한 재료 한 가지는 아보카도였다. 식물계의 버터라는 별명으로 불리는 중남미의 작물 아보카도는 정말 버터처럼 쓸 수 있었다. 샌드위치나 파스타에 넣어도 좋았고, 토스트 위에 올려 소금만 살짝 뿌려 먹어도 좋았다. 고수와 어울려서 아주 건강한 맛을 냈다.

시장을 돌아보면서 느낀 것 또 하나는 장바구니 물가에 대한 것이다. 서울 같으면 비싸서 못 샀을 것을 신나게 사 담았다. 토마토도 그렇고 아보카도도 그랬다. 대부분의 나라에서 외식 물가는 비쌌지만 장바구니 물가는 쌌다. 이래야 되는 것 아닌가? 왜 한국은 외식 가격이나 장바구니 물가나 모두 비싼 걸까?

나는 여행 중 몇 나라에서 요리 강습을 들었는데 요리교실의 경험은 그 나라의 음식문화를 조금 더 깊게 이해하도록 도와주었다. 웬만한 도시에는 관광객을 위한 하루짜리 요리교실이 준비되어 있다. 보통, 전통 시장에서 장보기부터 시작해 그 나라의 대표적인 요리법 몇 가지를 알려주는 코스였다. 선생님은 시장을 돌며 음식 재료를 자세하게 설명하는 것으로 수업을 시작했다.

나는 태국에서 채식주의 요리교실에 참가했다. 요리사 선생님은 톰양꿍, 팟타이 등 대표적인 태국 음식을 채소만으로 만들어냈는데 고기를 사용하는 것만큼 맛이 좋았다. 여행 중에 채식을 접할 기회가 여러 번 있었는데, 나는 여행이 끝날 때쯤 채식에 깊은 관심이 생겼다.

그래서 남편이 내 요리를 좋아했느냐고? 물론이다. 뭘 먹다 남은 떡떡한 바게트보다 못하겠는가. 게다가 장바구니 물가가 쌌기 때문에 현지의 재료를 풍성하게 사용해서 다양한 파스타나 볶음밥을 자주 해 먹었다. 가끔은 고추장을 풀어 넣은 찌개, 닭볶음탕도 했다. 남미의 닭은 정말 좋았다.

내가 그렇게 요리를 할 때 남편은 옆에서 파스타를 삶거나 밥 짓기, 그리고 설거지를 담당했다. 특히 그는 내가 못하는 밥 짓기를 정말 잘했는데, 어떤 종류의 쌀을 만나거나-우리는 세계 각지에서 나는 모든 종류의 쌀을 경험했다-어떤 종류의 냄비를 만나더라도-뚜껑만 있다면-밥을 멋지게 지어냈다. 오랫동안 눈 덮인 설악산을 오르내리며 밥을 지었던 경험 덕이란다.

재미있는 것은 세계의 거의 모든 호스텔이-이란만 빼고-이케아 상표의 그릇과 컵을 사용한다는 점이었다. 저렴하고 실용적인 스웨덴산 생활용품이 전 세계의 호스텔을 점령했다! 남편은 매번 밥을 지을 때 이케아 컵으로 쌀과 물의 양을 재다 보니, 그 컵이 계량 기준이 되었다고 했다. 어느 샌가 이케아 컵이 없는 곳에서는 밥하기가 불안해진단다. 컵 하나 사줘야겠다. /명

멕시코의 부엌에는 장식용이 아닌 실제로 사용하는 전통 요리 기구들이 있다는 점이 인상적이었다.
멕시코에서는 결혼을 하면 이름이 적힌 멕시코식 절구를 선물한다고 한다.
시장에 가 보니 절구의 종류도 용도에 따라 다양하다.

스페인어 '말레콘'은 제방을 의미하는 보통명사이지만,
쿠바 아바나의 멋진 해안도로를 말하는 고유명사가 된 지 오래다.
낚시를 하러 나온 가족과 춤추며 노는 젊은이들을 언제든지 만날 수 있다.

쿠바의 두 가지 화폐

쿠바 아바나 해협 건너편의 검은 마리아 성당을 구경
하고 시내로 돌아가기 위해 배를 기다리다가 옆자리의 아저씨에게 물
었다.

"여기 뱃삯은 도대체 얼마인가요?"

진짜 뱃삯이 궁금해 참을 수가 없었다.

알다시피 쿠바는 두 가지 화폐를 사용한다. 지금부터 나의 설명을 읽
기 위해서는 단위의 명칭에 집중해야 한다. 역시 헷갈리는 것은 화
폐가 두 가지라는 점이다. 하나는 내국인들이 사용하는 '모네다 나
쇼날(MN)'이고, 다른 하나는 외국인용으로 만든 '긴버디블 쿠비 페소
(CUC)'다. 간단하게 '쿡'이나 '쎄우쎄'라고 부른다. 쿠바 정부는 관광산
업을 위해 외국인용 화폐를 만들었다. 1CUC는 대략 25MN의 가치를

갖는다. 원칙적으로 외국인들은 외국인용 식당과 외국인용 상점에만 가야 하고, 외국인용 가격을 CUC로 지불해야 한다. 원칙은 그렇다. 외국인을 위한 가격이 따로 있는 셈이니, 쿠바에서 외국인 물가와 내국인 물가의 차이는 엄청나다. 예를 들어 외국인용 식당에서 저렴한 점심을 7CUC, 즉 7700원에 먹는다면 현지인들은 피자나 햄버거 한 개를 10MN, 즉 450원에 사 먹을 수 있다. 그러니 우리 같은 여행자가 쿠바의 물가를 가늠하기란 쉽지 않은 일이었다.

아바나 해협을 건너오는 배에서 직원은 거스름돈이 없다며 두 사람 분으로 1CUC, 즉 1100원을 받았다.

'바가지를 씌운 것 같은데 얼마나 씌웠을까? 당하더라도 알고나 당해야지.'

돌아가는 배편을 기다리면서 옆자리의 아저씨에게 말을 건 이유다. 아저씨는 뱃삯이 10센타보란다. 나는 10센타보 CUC, 110원을 꺼내 보였다.

"이게 맞는 거지요?"

"아니, 그게 아니고 10센타보 MN이야."

1MN이 우리 돈 45원이니, 뱃삯은 한마디로 4.5원이었다. 이렇게 쌀 줄 상상이나 했겠나! 한 사람에 4.5원이면 될 것을 550원을 냈으니 우리는 100배 이상의 바가지를 쓴 것이다. 아저씨는 멍청한 두 아시아인이 불쌍해 보였는지 자기 지갑에서 CUC와 MN의 두 가지 지폐를 꺼내어 설명을 해주었다.

아저씨의 이야기를 듣는 동안 우리가 궁금한 것이 바뀌었다. CUC와 MN의 차이가 아니다. 어째서 그 아저씨의 지갑에 CUC와 MN 두 화폐가 함께 들어 있는 걸까? 아저씨는 당연한 걸 왜 묻느냐는 표정으로 쿠바는 두 가지 화폐를 쓰는 나라야, 하고 대답했다. CUC는 외국인만 쓰는 화폐가 아니었던 건가?

쿠바도 변해가고 있다. 유명한 혁명가이자 독재자 피델 카스트로가 퇴임한 후 집권한 동생 라울 카스트로는 관광 정책을 강화했다. 현재 쿠바의 주 수입원 중 최고는 관광이다. 사탕수수로는 미국을 이길 수 없었다. 정부는 관광산업을 권장한다. 할 수 있는 사람은 모두 관광에 매달리는 느낌이다. 집을 가지고 있는 사람들은 민박을 시작했다. 저렴하고 친절한 민박은 배낭족들이 좋아하는 숙소다. 집주인들은 정부에 등록해야 하고 엄청난 세금도 내지만, 하룻밤에 20~25CUC 정도를 받을 수 있다. 쿠바 의사의 한 달 월급이 25CUC라고 한다. 의사의 한 달 월급을 하룻밤에 번다. 게다가 4~10CUC씩 받고 차려주는 아침이나 저녁 식사는 정부에서도 모르는 돈이다. 택시 기사들이 씌우는 바가지도 정부는 모르는 돈이다.

이미 CUC는 정부가 통제할 수 없는 상태에 들어간 듯하다. 쿠바 사람들은 두 가지 화폐를 자연스럽게 사용한다. 쿠바 사람들은 CUC 상점의 물건이 더 다양하고 좋다고 말한다. 여행 가이드북에는 쿠바에는 암달러 환전상이 없다고 말한다. 하지만 내가 캐나다 달러를 CUC로 바꾸기 위해 은행 앞에 서 있을 때 – 쿠바의 은행은 문 밖에서 줄을 서야 한다 – 저쪽에서 한 아줌마가 날 불렀다.

"이봐 중국인, 달러? 달러?"

우리가 여행에서 돌아오자마자 쿠바가 미국과 국교를 정상화했다. 그 이전까지는 비정상이었다. 미국은 쿠바를 경제 봉쇄로 압박했고, 쿠바는 미국 관광객들이 달러를 바꿀 때마다 10퍼센트의 수수료를 더 받았다. 적국의 화폐를 사용하는 일종의 벌금이었다. 우리가 캐나다 화폐를 가져간 이유이기도 했다.

CUC와 MN의 담이 무너진 것이 여행자에게 좋은 점도 있다. 외국인도 MN을 더 쉽게 사용할 수 있게 되었다. 전에는 택시나 가게에서 MN을 몰래 구해야 했으나, 지금은 공식 환전소에서 바꾸어 준다. 관광지를 벗어날수록 MN을 사용할 수 있는 곳이 많아진다. MN을 사용할 수 있으면 가난한 여행자들에게 쿠바 물가는 환상적이다. 커피와 시가 한 개비가 1MN이다. 에스프레소 한 잔이 45원인 것이다. 사실 식당에서 30MN, 즉 1300원에 돼지 등갈비가 얹어진 볶음밥을 배부르게 먹을 수 있다.

쿠바 사람들은 보통 일주일에 3일 직장에 나간다. 한 가게 안에 일하는 사람이 많다. 쿠바의 실업률이 적은 이유다. 물론 국가가 임금의 많은 부분을 보충해야 한다. 일하는 3일 외에 나머지 2일은 다른 일을 하는데, 협동농장에서 일하는 것도 인기를 잃은 듯하다. 의사가 아르바이트로 웨이터를 한다는 말이 농담만은 아닐 테다.

정말, 식당에서의 팁은 우리에게 고민거리였다. 두 사람이 15CUC의

식사를 했을 때, 얼마의 팁을 주어야 할까? 유럽식으로 2CUC를 팁으로 준다면 누군가의 한 달 월급의 1/10을 한 번에 주는 셈이 된다. 그래도 되는 걸까? 내가 팁에 대해 고민을 하는 만큼 그들도 내 팁에 대해 고민을 하는 눈치였다.

우리가 방문한 마을에서는 한 달쯤 전부터 24시간 세탁소가 문을 열었다. 24시간 햄버거집이 생긴 것은 이미 오래되었다. 한 쿠바인은 분명하게 '이건 자본주의적인 서비스야'라고 말했다. CUC와 관광 정책은 쿠바의 화폐 구조만 바꾼 것이 아닐지도 모른다. 화폐 구조는 그들의 생활과 생각을 바꾸고 있다. /채

아바나 시내 골목길의 카페에서 서서 마시는 에스프레소 한 잔은 우리 돈 45원이다.
골목에서 사람들은 체스를 두고, 이야기를 하고, 노래를 하고, 춤을 춘다.

쿠바의 고물상에서

아얏! 쿠바 트리니다드의 식당에서 돌아가고 있는 선풍기에 손을 살짝 다쳤다. 선풍기를 둘러싸고 있어야 할 안전망이 없었던 탓이다. 선풍기는 오랫동안 여러 번에 걸쳐 고쳐 만든 흔적이 역력했다.

이들의 가난에는 여러 가지 이유가 있겠으나, 첫째 이유는 미국의 경제 봉쇄다. 미국은 공산주의 국가 쿠바와 다른 서양 나라들 사이의 교류를 막고 나섰다. 프랑스의 은행이 쿠바와 거래를 했는데, 미국은 이 은행마저 못살게 굴었다.

쿠바의 사탕수수를 비싸게 사주던 소련이 망하고 쿠바의 경제는 더어려워졌다. 정부가 관광으로 돈을 벌기로 맘을 바꿔먹은 덕에 우리가 쿠바에 올 수 있었다. 경제 봉쇄 때문에 수십 년째 타고 다닐 수밖에 없었던 오래된 자동차들이 쿠바 관광의 명물이 되었다.

트리니다드의 거리에 노점 시장이 열렸는데, 이런저런 중고품과 수리용 부품들을 파는 고물 시장이었다. 관광객을 위한 기념품점이 아니라 쿠바 사람들을 위한 것이다. 한 아저씨가 선풍기 날개를 사 간다. 어느 선풍기에선가 떨어져 나온 날개다.

나도 뭔가를 고쳐 써보려고 한 적이 있다. 서울에서 믹서가 고장 났을 때다. 어떻게 고칠 수 있는지 여기저기 알아봤더니, 모두들 새로 사는 것이 더 좋다고 조언했다. 수리를 보내고 받는 택배비에 수리비까지 더하면, 신용카드 포인트를 더해 새로 하나 사는 것이 더 싸다는 것이었다. 빵꾸 난 티셔츠를 손바느질하느니, Spa브랜드에서 세일할 때 새로 사면 된다고 생각하며 살았다. 그런 물건들은 어떻게 그렇게 싼 것일까? 남아시아 어린이들이 바느질로 꿰매어 만든 물건이면 그렇게 싸도 되는 걸까?

고물 노점상에서 본 쿠바 사람들의 모습이 낯설었다. '고쳐 쓰는' 모습이 이렇게 낯설게 느껴지다니, 내가 고쳐 쓰는 일로부터 얼마나 멀리 떨어져 있는지 알 수 있었다.

서울에 돌아와 보니, 아는 사람들 몇이 대출을 얻어서 집을 샀다고 했다. 주택 거래가 늘어났다고 뉴스에 나온다. 자동차와 전화기, 아파트의 할부금은 갚아야 할 빚이다. 경제가 성장하던 시절에는 빚을 가지고 살아도 되었다. 돈을 벌어 그 빚을 메워나갈 수 있었다. 저성장의 시대가 되었다고 하는데도 우리는 여전히 빚을 내며 사는 것에 익숙하다. 다시 말해, 가진 능력보다 더 잘사는 것이 당연한 것이 되었다. 한쪽에서는 빚을 내서라도 돈을 써야 그나마 경제가 돌아간다고 하고, 한쪽에서는 빚이 폭탄이 될 것이라고 한다. 어느 쪽이 맞는 걸까? 쿠바의 고물 노점상을 보고 갑자기 우리 경제를 생각하다니, 논리의 비약인가? 지구의 한쪽에서 누군가 가난하게 사니까 우리도 아끼며 살자는 착한 이야기 같은 것이 아니다. 쿠바는 오랫동안 소비를 미덕이라고 부추기는 세상과 담을 쌓고 살았다. 그런 면에서 쿠바는 우리와 반대편에 있는 세상이다. 그들의 낯선 모습은, 그들을 낯설어하는 내 모습을 정확히 비춰 보여주고 있었다.

만약 지구의 삶을 평균 낼 수 있다면 한국의 생활은 평균 이상이다. 여행을 마치고 보니 한국 사람들은 지나치게 깨끗하고, 지나치게 예쁘고, 지나치게 편리하게 살고 있는 것은 아닐까, 하는 생각이 자꾸 든다. /명

촛불의 성모 축제가 시작되는 날, 페루의 다양한 부족들이 푸노의 언덕에 모였다.
축제의 시작을 알리는 의식이 열렸다. 사람들은 자기 마을에서 가져온
신성한 나무들을 한데 모아 불태웠다.

촛불의 성모를 찬양하기 위해 모인 사람들이 악기를 연주하거나,
춤을 추거나, 동물과 악마로 분장을 하고 행렬에 선다. 3, 4일간 똑같은 몸동작을
반복하며 걷는 행위는 성모에게 자신의 모든 것을 즐겁게 바치는 고행이다.

푸노 촛불의 성모 축제

남미 안데스 산맥의 높은 곳에 용암이 흘러넘쳐 만들어진 거대한 평지가 있다. 지평선 저 멀리 흰 눈이 덮인 화산 봉우리들을 보면서 버스가 달렸다. 가끔 목동이 풀어놓은 알파카 떼가 풀을 뜯고 있다. 페루 아레키파로부터 완만한 오르막길을 달리길 5시간. 남미의 버스 여행에 익숙해졌는지 이제 5시간 정도는 짧게 느껴진다. 주변에 집들이 점점 많이 보인다. 푸노에 가까워진 듯하다. 드디어 저 아래 호수가 보인다. 끝이 안 보이는 크기로 보아 티티카카 호수가 분명하다. 호수 한쪽 언덕에 외벽을 칠하지 않은 시멘트 블록 건물이 빽빽하다.

우리는 이곳 푸노에 '촛불의 성모 축제'를 보러 왔다. 축제가 아니더라도 푸노는 페루에서 볼리비아로 가는 길목인데다, 남미에서 가장 크고 가장 높은 곳에 있다는 티티카카 호수가 있어 많은 사람들이 찾는다. 호수 위에 떠 있는 마을도 유명하다. 우리는 기왕이면 축제까지 보려고 일정을 조정했다.

버스에서 내려 예약해놓은 숙소를 찾아 잠시 걸었는데 벌써 고산증 증세가 느껴진다. 푸노와 티티카카 호수는 해발 3800미터의 높이에 있다. 우리는 고산증 적응에 며칠을 보낼 각오를 하고 왔다. '고층 건물이라야 4층이나 5층 정도의 건물뿐이군' 하며 이 작은 도시를 얕보았는데, 우리에게 배정된 4층 방을 오르다 죽을 뻔했다. 엘리베이터도 없다. 아내의 것까지 20킬로짜리 가방 두 개를 들고 계단을 두 번 오르내리고 나니 숨이 헉헉 차오르고 머리가 깨지는 듯하다. 도대체 누가 이런 고지대에 4층 건물을 지은 거냐!

이 촛불의 성모 축제가 남미에서 가장 큰 축제 중 하나라니 우리의 기대는 컸다. 동네 규모도 가늠하고 정보도 얻기 위해 숙소를 나섰다. 스페인 사람들이 지은 도시라 역시 광장이 중심이다. 광장 옆에서 관광안내센터를 발견했다. 내가 축제에 대해 물어보니, 까무잡잡한 피부에 빨간색 유니폼을 입은 직원은 일정이 적힌 복사용지 한 장을 준다. 비록 복사지 한 장이지만 내용은 완벽하다.

징리해본 축제 일정은 이렇다. 매년 2월 2일은 가톨릭의 성촉절이다. 예수 탄생, 즉 크리스마스로부터 40일 후이니, 예수의 어머니인 성모를 기리는 날이다. 축제는 성촉절에 가까운 두 번의 주말에 열린다. 안내서에는 행사 기간이 10일이라고 되어 있는데, 주중에는 공식 행사가 없다. 혹시 이 축제에 가려는 분들은 반드시 참고하시길. 첫 주말에 축제를 시작하고 두 번째 주말에는 민속경연대회가 열린다. 이 민속경연대회가 하이라이트인데, 90개 이상의 공연 팀이 페루 전역과 볼리비아에서 참가한다. 한 팀은 약 100명 정도로 밴드와 남녀 무용수들로 구성되며, 관악밴드인 팀도 있고 안데스 전통 피리를 불며 북을 두드리는 팀도 있다.

음, 그런데 공식적인 행진 코스는 중앙 광장까지 이어지지 않는다. 호스텔 직원은 행진이 광장까지 온다고 했는데 그가 틀린 건가? 나중에 보니 공식 일정은 공식 일정일 뿐이었다. 성모를 위해 축제에 참가한 사람들은 수시로 거리를 행진하며 성모를 찬양했다. 언제나 목적지는 광장의 대성당이다. 틈만 나면 나팔을 불고 북을 두드리며 성모를 위해 춤을 추었다. 우리는 광장에 가까운 숙소를 잡았다고 좋아했는데, 이거 영 시끄러워 못살겠다.

이곳 푸노의 '촛불의 성모'는 또 하나의 검은 피부의 성모다. 전설에 따르면 스페인령이었던 아프리카의 섬에서 사람들 앞에 나타났다. 오래전 대륙을 건너온 검은 피부의 성모들은 당시 뱃사람들의 수호신이었던 듯하다. 유럽에서 남미를 오가던 한 뱃사람이 자신이 무사히 항해를 마치면 성모를 위한 성당을 짓기로 약속했다. 결국 그는 브라질의 한 해변에 이 검은 성모를 모셨다. 그 해변의 이름도 성모의 이름을 따랐는데, 유명한 코파카바나 해변이 그곳이다. 그 뱃사람이 모셨던 성모가 푸노에서 가까운 볼리비아의 호숫가 마을 '코파카바나의 성모'였던 까닭이다. 그러니까 지금 브라질 리우데자네이루의 해변 코파카바나 이름의 원조는 안데스 산맥 위 볼리비아의 작은 도시 코파카바나인 것이다.

두 번째 주말이 시작되자 축제는 열기가 더해졌다. 금요일 저녁부터 월요일까지 행진이 본격적으로 펼쳐졌다. 종합운동장에서 민속경연대회가 이어졌고, 공연을 마친 팀 순서대로 행진에 나섰다. 무용수와 악단의 행렬이 끝없이 이어진다. 길옆에 가지각색의 관람석을 만들어 세운 상인들은 한 자리를 3500원쯤에 팔았다. 구경하다 밥을 먹고 와도 된다.

행진에 참가한 사람들의 의상은 안데스 전통 복장만이 아니다. 여자들은 서양의 치어리더들처럼 갖춰 입었다. 남자들의 반짝거리는 양복은 쇼 무대 의상 같다. 악마의상을 입고 추는 악마의 춤은 이미 중요한 안데스의 전통이다. 이들의 역사에 뭐가 얼마나 섞여 있는 걸까?

축제가 시작됨을 알리는 제의를 봤다. 공터에서 벌어지는 안데스식 제례인데, 묘하게 가톨릭의 그것과 닮았다. 떡 대신 코카 잎을 나누어주고, 와인 대신 옥수수술을 따라준다. 연기를 피워 올리는 것도 비슷하다. 땅바닥에 이런저런 부적을 늘어놓은 무당이 신부 역할이다.

도시를 휘휘 도는 행진은 아침에 시작해서 밤늦게까지 이어졌다. 하루 온종일 춤을 추며 걷는다. 사흘 혹은 나흘 내내 행진을 하던 사람들은 마지막 날에 완전히 녹초가 돼버렸다. 맥주도 코카 잎도 더 이상

힘이 되지 않는다.

똑같은 음악과 춤이 며칠씩 반복되면, 이 경험은 단순한 볼거리가 아니다. 단순한 몸동작을 반복하면서 녹초가 될 때까지 하는 행진은 마치 신에게 자신의 모든 것을 바치겠다는 고행처럼 보인다. 더 즐겁게 더 열정적으로 모든 걸 성모에게 바친다.

푸노의 촛불의 성모 축제의 주인은 축제를 구경하러 온 관광객들이 아니라, 행렬에 서서 탈진할 때까지 성모를 위해 춤을 추는 주민들이었다. 행진은 누군가에게 보여주기 위해서 하는 것이 아니라 성모에게 다가가려는 순례의 과정이었다.

실은 나는 푸노에 있는 동안 이 사람들의 축제를 제대로 이해하지 못했다. 나는 길옆에 서서 신나는 행렬을 구경하는 쪽이었다. 구경꾼보다 행진 인파가 압도적으로 많았지만, 홍보가 잘 안 되어서 그런가 보다 했다(이 얼마나 한국적인 생각인가!). 나는 브라질에서 카니발을 경험한 후에야, 이 페루의 축제를 되돌아보고 나서야, 이 사람들의 축제 역시 사람들이 스스로 만드는 무엇임을 알게 되었다. 비록 정부가 민속경연대회라는 것도 꾸미고 행진 루트도 정하고 관광안내소에서 안내서도 나누어 주지만, 현재 이들의 축제는 오래된 전통에 깊은 뿌리를 두고 있었다. 내가 이 축제를 보고 있으면서도 제대로 알 수 없었던 것은, 역시 내가 한국에서 이런 축제를 경험해본 적이 없기 때문이었다. 그런 생각을 하니 왠지 기분이 나빠진다. /채

축제를 구경 가는 행위가 아닌, 스스로 축제가 되는 행동은 사뭇 낯설었다.
음악, 복장, 춤, 악기, 모든 것이 예상과 달랐다. 대단했다.

페루의 마트와 세계화

여행을 시작해서 중남미의 마을들에 도착했을 때, 우리는 곳곳에 마트가 있는 것을 보고 좋아했다. 마트는 재래식 상점에 비해 물건을 찾거나 가격을 따져보기 편했을 뿐 아니라, 우리에게 익숙한 물건들도 있었기 때문이다. 예를 들어 라면과 인스턴트커피 같은 가공식품이나 페트병에 담아 파는 생수도 쉽게 찾을 수 있었다. 뭔가 살 일이 있으면 마트로 들어갔다.

페루의 푸노에도 마트가 있었다. 내부 장식도 물건도 화려하지는 않았지만 마트의 기본 형태를 따르고 있었다. 우리가 찾아갈 때마다 직원들은 물건을 이리저리 옮기며 배치를 바꾸고 있었다. 영 분주해 보이는 것이 문을 연 지 얼마 되지 않은 듯했다. 좀도둑을 막기 위해 감시카메라가 있을 만한 위치에 직원들이 발판을 놓고 올라서서 매장

안을 내려다보고 있었다. 하루는 여자 직원이 젊은 남자 손님과 싸우는 모습도 봤는데, 절도를 의심한 까닭이었다. 이 작은 마을에 변화가 생기고 있다.

세계 마을의 상점들이 중소형 마트 체인점으로 바뀌고 있다는 글을 읽은 적이 있는데, 푸노의 마트도 그중 하나였다. 우리가 본 마트가 세계적인 대기업은 아니었지만, 언젠가는 이곳에도 대형 마트의 체인점이 들어올지 모른다. 마을의 중소형 마트는, 지금 농수산물의 유통이 점점 소수의 누군가에게 독점되는 쪽으로 가고 있는 증거라고 한다.

대형 마트는 싸다. 우리가 싸서 좋다고 생각하는 대형 마트끼리의 가격 경쟁은 결국 생산자들에게 피해를 준다. 유통을 독점한 자들이 생산자에게 더 싸게 공급하라고 하니, 어쩔 수가 없는 것이다. 페루의 농부들이 가난해지는 것은 서울의 대형 마트와 무관하지 않다.

세상의 모습이 똑같아진다는 것은 단지 무엇이 사라지고, 무엇을 더이상 볼 수 없게 되는 문제가 아니다. 안타깝다는 감정의 문제를 넘어선다. /채

이 평화로운 호숫가 마을에서 고산병으로 고생을 하다니!
외부에서 온 관광객들이 물 위에 떠 있는 갈대섬 마을 '우로스'를 구경하러 가는 동안,
페루 사람들은 호숫가 유원지에서 오리배를 탄다.

고산증 투쟁기

아내는 페루의 푸노에서 고산증 때문에 고생을 했다. 해발 3800미터다. 숨이 차고 어지러운 정도가 아니라 하루는 고열에 시달리기도 하고, 다음 날은 심한 배탈을 겪기도 했다. 그다음 날은 모든 증상이 동시에 몰려왔다. 결국 의사의 왕진을 부탁했다. 페루 의사 선생님은 주사약을 다섯 개쯤 섞어서는 말 그대로 왕 주사를 한 방 놓고 갔다. 겨우 버스를 탈 정도의 체력을 회복한 아내와 나는 푸노에서 내려와 아레키파로 돌아왔다.

고산증은 누군가에겐 쉽게 극복되지만, 누군가에겐 어쩔 수 없는 증상이다. 아주 위험한 증상이기도 하다. 역시 호스텔 4층 계단이 문제였다. 고지대에 4층 이상의 건물을 짓는 것은 금지해야 한다. 보니까, 여기 직원들도 헐떡인다.

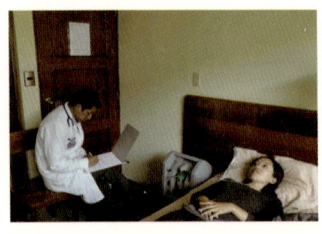

볼리비아의 포토시와 우유니 사막은 포기했다. 마추픽추도 포기해야 했다. 나는 푸노에서 밤을 새워가며 아내를 지극정성으로 간호했다. 이때 점수를 잔뜩 땄는데, 아레키파에 와서 말 한마디 잘못했다가 아내와 대판 싸우고 헤어질 지경에 놓이게 되었다. 우리가 뭔가를 포기한 것에 대해, 내가 아내를 탓한다는 것이 이유였다.

"내가 언제 자기를 탓했다는 거야?"

그렇게 싸움이 시작되었다. /채

고고학자 헤이에르달은 인류가 아주 오래전 갈대배를 타고
아프리카에서 남미로 넘어왔다고 믿었다.
티티카카 호수에는 잉카의 갈대배가 완벽하게 부활했다.
지금 이 갈대배들은 관광객들을 반 강제로 태우고, 떠 있는 마을 사이를 오간다.

이스터섬의 타파티 축제

내가 이스터섬, 또는 주민들 스스로 '라파누이'라 부르는 그 섬에 갔을 때, 마침 제일 큰 축제인 타파티(Tapati)가 열리고 있었다. 남편과 싸우고 헤어진 때가 그때였다. 사실 우리는 이스터섬행 출발 전에 화해했으나 이미 할인 비행기 표도, 정상 가격의 비행기 표도 매진되고 없었다. 나는 이스터섬으로 갔고, 남편은 볼리비아로 갔다. 브라질에서 다시 만나기로 하고.

매년 2월, 보름 동안 열리는 타파티 축제는 말 그대로 주민들의 잔치다. 춤, 음악, 운동 등이 경연 형태로 벌어진다. 이 축제의 핵심은 운동회다. 종목은 대충 이렇다. 창던지기, 작살로 물고기 잡기, 바나나 지고 이어달리기, 바나나보트 타고 언덕에서 내려오기, 옆의 섬에 헤엄쳐 가서 새알 많이 집어 오기.

축제의 메인 이벤트가 벌어지는 일요일 오전, 호스텔에서 만나 일행이 된 네 명의 여자들은 도시락을 싸 들고 경기장인 들판으로 갔다. 바나나 메고 이어달리기가 시작되었다. 팀을 짠 선수들이 20킬로의 바나나를 메고 번갈아 가며 5킬로미터 거리를 달린다. 전통 의상이라며 팬티만 걸친 건장한 남자들이 바나나를 주렁주렁 들고 뛴다.

대회의 하이라이트인 바나나보트 타고 언덕 내려오기 경기를 할 때, 마을에 있는 모든 사람들이 언덕 밑으로 모여들었다. 막상 모이고 보니 마을 주민보다 관광객이 더 많다. 그럼에도 이 대회는 관광객을 전혀 신경 쓰지 않는 듯하다. 오히려 걸리적거리는 관광객들이 귀찮다는 눈치다.

경기장으로 다듬지 않은, 울퉁불퉁하고 풀이 무성하고 말똥이 흩어져 있는 높은 언덕에 매직으로 휘갈겨 쓴 200미터, 250미터 표시판이 꽂혀 있다. 안전장치 하나 없는 가파른 언덕을 바나나 나무를 잘라 엮어 만든 보트가 질주한다. 역시 건강한 알몸의 선수가 붙잡을 것도 없는 보트 위에 드러누워서 돌진한다. 바닥에 돌이라도 있으면 보트가 붕 뜨거나 부서져 바닥을 구른다. 응원단과 구경꾼들이 다 같이 탄성을 지른다. 한 선수의 보트는 50미터도 가지 못하고 멈춰버려서 그냥 걸어 내려와야만 했다. 얼마나 분한지 선수도 울고 그의 아내도 울면서 부둥켜안고 퇴장한다. 게임에 임하는 마을 사람들의 모습이 너무나 진지하다.

바나나보트 타고 언덕에서 내려오기 시합은 고대의 비밀을 말하는 것 같았다. 유명한 모아이상은 돌산에서 깎아서 산 아래로 내려보냈다고 추정한다. 그 과정에서 밧줄로 잡아당긴 것인지, 통나무 위에 놓고 굴렸는지 학자마다 생각이 다르다. 나는 모아이상의 운반 방법은 바나나보트였다고 확신한다. 이 경기에 이렇게들 열광하는 걸 보면 확실하다.

점심시간이 되자 마을 주민들이 돼지고기 바비큐를 나눠 준단다. 아, 관광객도 돌보긴 하는구나. 수박 한 덩이를 같이 준다. 나같이 입맛만 쩝쩝 다시며 빈손으로 온 사람들이 접시로 쓸 거대한 고무나무 잎도 잔뜩 쌓여 있다. 문제는 고기가 빨리 안 구워진다는 것뿐이다.

나는 이날 공짜 고기를 먹기 위해 땡볕 아래에서 두 시간을 서 있어야 했다. 이스터섬의 물가는 워낙 비쌌다. 모든 것이 수입품이기 때문이란다. 고기는커녕 몇 끼니를 컵라면으로 때웠다. 두 시간 이상씩 선 채로 기다려야 했던 길고 긴 줄이 이곳의 물가를 대변한다. 비록 고산증 이후 완전히 회복되지 못한 체력으로 중간에 한 번 쓰러지기도 했지만, 나는 이날 고기를 먹었다.

축제를 지켜본 호스텔 친구들과 의견 일치를 이루었는데, 이 축제의 하이라이트는 뭐니 뭐니 해도 선수들의 복장이었다. 뜀을 뛸 때도, 물속에 고기를 잡으러 들어갈 때도, 심지어 무대 위에서 노래할 때도 팬티 하나만 입고 나왔다. 이들의 전통 의상이다.

벗은 것이나 다름없는 차림으로 긴 머리를 늘어뜨린 몸덩이가 풀밭과 물속을 누비는 모습은, 미디어가 담아온 올림픽 같은 경기와는 달랐

다. 체계적인 훈련으로 만들어진 몸과 전광판에 새겨지는 세계신기
록과는 다른 종류의 아름다움이었다. 나중이 되자 동네 풀밭을 어슬
렁거리는 말들이 동네 주민처럼 보이기 시작한다. 이스터섬이 아름
답다.

사람들이 벌거벗고 뛰는 모습을 보았기 때문에 하는 말은 아니다. 나
는 문득, 많이 갖는다는 것과 행복하게 사는 것은 어떻게 같고 어떻게
다른지 궁금해졌다. 이들의 사는 모습을 보면서 든 생각이다.

6일 동안 이스터섬에 혼자 있었다. 이곳에서 처음으로 한국에 편지를
한 통 썼다. 여행 시작한 지가 꽤 되어도 편지 쓸 마음이 나지 않았는
데, 이곳에서 소꿉친구에게 편지를 썼다. 잘 사는 것에 대한 이야기를
적었다.

여행을 하고 나서도 한동안 내가 왜 이 여행을 떠났는지, 여행에서 원
하는 게 뭔지 알 수 없었다. 이곳 이스터섬에서 힌트를 얻은 듯했다.
편지에 이렇게 적었다. 아직도 확실히는 모르겠지만, 적어도 행복하
게 살지 않는 건 바보짓이라는 것만은 알겠다고. /명

P.S 남편이 마지막 문단을 보더니 너무 감정적이고, 생각의 비약이라고 -
읽는 분들이 공감하지 못할 것이라고 - 말한다. 그럴지도 모른다. 말로 다
설명할 수 없는 것들을 경험하기 위해 우리는 여행을 갔던 것 아닌가.

헤이에르달은 잉카제국 방식의 뗏목 '콘티키호'를 만들어 타고
페루에서 폴리네시아의 섬까지 가는 모험을 감행함으로써
폴리네시아 사람들이 남미 땅에서 이주했다고 주장했다.
한참 후에 유전자 조사 결과 헤이에르달이 틀렸다는 것이 밝혀졌다.

첫 번째 별거 여행

짝을 멀리 보내놓고 혼자 푸노로 다시 왔다.

버스에 앉아 등받이를 뒤로 푹 젖혔다. 오래간만에 음악 플레이어를 꺼내 귀에 꽂아본다.

'아, 내 여행의 명상을 방해하는 것은 마누라가 아니라 요통이었구나' 하고 깨닫는 데 얼마 걸리지 않는다. /채

페루의 쿠스코와 볼리비아의 포토시를 잇는 길 가운데에 '라파스'가 있다.
이 세 곳은 스페인 가톨릭의 영향을 받은 안데스 미술로 유명하다.
라파스의 산 프란시스코 성당의 전면은 대단하다. 안에는 박물관이 있다.

라파스는 해발 4000미터의 고원에서부터 뻗어 내리는 가파른 계곡 사이에 자리 잡았다.
이곳에는 진짜 마녀들이 새끼 야마의 미라를 파는 마녀시장과 세상 어느 곳보다도
비둘기의 밀도가 높은 무리요 광장이 있다.

아르헨티나에는 탱고가 없다?

우리 부부가 쿠바에 도착한 날은 12월 31일, 한 해의 마지막 날이었다. 이른 저녁 시간이었지만 가로등이 변변치 않아 아바나 도심은 아주 어두웠다. 한국인 배낭여행자들 사이에 소문난 민박집에 짐을 풀어놓고, 저녁을 먹기 위해 거리로 나왔다.

골목을 걷는 동안 여기저기서 음악 소리가 들린다. 서너 블록쯤을 걸어 식당에 가는 동안 열린 창이나 문으로 들여다보이는 모든 집에서-정말 사람이 있는 모든 집에서-사람들이 살사 춤을 추고 있다. 쿠바 사람들의 송년 파티였다. 이 장면이 너무 신기했던 우리는 남의 집 창문들을 기웃거리다가 결국 누군가와 눈이 마주쳤다. 우리는 그 집으로 초대되어 럼주를 나누어 마셨고 함께 춤을 추었다. 이것이 우리의 쿠바 첫인상이다.

살사는 쿠바 사람들과 떼어놓을 수 없는 음악이다. 미국으로 건너갔다가 그만 '소스'라는 이름이 붙어버렸지만, 세상 누구보다 쿠바 사람들은 살사 춤을 잘 춘다. 흔한 표현인데, 살사는 이 사람들의 몸에 들어 있는 듯하다.

브라질에는 삼바가 있다. 브라질 사람들은 삼바만 듣는다고 말해도 지나치지 않는다. 그런 만큼 삼바는 여러 갈래로 나뉘어 지금은 많은 대중음악 버전이 있다. 재즈와 팝 음악 버전을 비롯해 고속도로 메들리 버전까지 다양하다. 나는 어쿠스틱 악기로 연주하는 전통 삼바를 좋아한다. 여러 사람이 북과 악기를 들고 둥글게 둘러앉아 연주하고 노래하는데, 생각만 해도 어깨가 들썩인다. 오늘도 브라질 사람들은 모퉁이 식당에서 맥주를 마시며 라디오에서 나오는 삼바를 듣고 있을 것이다. 이렇게 쿠바와 브라질의 이야기를 먼저 하는 이유는 아르헨티나의 탱고를 그들과 비교할 수밖에 없었기 때문이다.

우리는 아르헨티나의 수도 부에노스아이레스에 도착한 며칠 후, 보르헤스 문화센터에서 하는 탱고쇼를 보러 갔다. 그렇다. '쇼'다. 관광객이 찾아보기 쉬운 것은 이런 종류의 쇼들인데, 보통 저녁 식사를 포함한다. 그리고 비싸다. 우리는 인터넷을 뒤지다가 우연히 티켓 할인 판매소가 있다는 것을 알았디. 키페의 디너쇼도 할인이 되는데, 보르헤스 문화센터에서 식사 없이 하는 공연이 더 싸고 좋았다.

보르헤스 문화센터는 부에노스아이레스 도심의 화려한 쇼핑센터와 함께 있다. 이날 공연은 여덟 명의 남녀 무용수와 할아버지 4인조 밴드가 만들었다. 할아버지들의 연주는 일품이었다. '아, 귀찮아' 하는 표정으로 슬쩍슬쩍 피아노 건반을 건드린다. 원래 고수는 많이 두드리지 않는 법이다. 무용수들이 보여주는 춤은 서커스, 아니 묘기에 가까웠다. 남자 무용수는 여성 무용수를 들고 돌리고 던져 올렸다. 쇼를 감탄하며 보고 나왔는데 왠지 찜찜한 것이 마음에 남았다.

'보통 사람들이 저렇게 춤을 추겠어? 탱고는 정말 아르헨티나 사람들의 음악인 거야?'

탱고의 발상지라며 관광객을 모으고 있는 라보카 항구를 본 후 의문이 더 강해졌다. 라보카의 거리에는 울긋불긋하게 색칠한 양철 건물 사이에 온통 식당과 기념품 가게가 늘어서 있었고, 탱고 복장의 남녀가 곳곳에서 관광객을 기다리고 있었다. 관광객과 탱고를 추는 듯한 포즈만 취하고 사진을 찍어주는 사람들이었다. 감이 안 좋았다.

혹시 '탱고와 열정의 나라 아르헨티나' 같은 이미지는 관광객을 위해 만들어진 것은 아닐까? 만들어진 이미지가 진짜를 가리고 있는 것은 아닐까? 결국 우리도 라보카를 찾아간 관광객에 불과했지만 우리는 관광지가 싫었다. 우리는 진짜가 보고 싶었다.

라보카를 다녀온 날부터 우리는 탐문 수사에 들어갔다. 만나는 사람들마다 붙잡고 물었다.

"탱고를 출 줄 아니? 너희 생활에 탱고의 비중은 얼마나 되니?"

대부분의 젊은 사람들은 반응이 비슷했다.

"글쎄, 탱고 슈즈가 있긴 한데, 기본적으로 탱고는 나이 많은 사람들의 문화라서…."

아르헨티나의 탱고는 20세기 초반에 세계적인 인기를 모았지만 그 후 유행이 끝났고, 약 30년간의 군사독재 동안 맥을 잃다시피 했다. 그래서 아르헨티나의 두 세대가 탱고를 모른다고 여행 안내 책자에 나와 있다. 그 말이 맞을 것 같다.

탱고의 뿌리가 아르헨티나에 있는지도 의심스러웠다. 탱고를 추는 댄스홀을 '밀롱가'라고 부른다. 이 밀롱가는 장소의 이름이지만, 탱고의 기원이 되었다고 믿어지는 음악 장르의 이름이기도 하다. 우리는 아르헨티나에서 밀롱가 음악을 들어보지 못했는데, 강 건너 우루과이에 가보기 전에는 그것이 당연한 줄 알았다.

우루과이는 부에노스아이레스에서 플라타강을 건너기만 하면 쉽게 갈 수 있다. 우리는 우루과이의 옛 성이 있는 '콜로니아 데 사크리멘토'로 당일치기 여행을 떠났다. 거리에 있는 작은 레코드숍에서 우리는 밀롱가 음반들을 볼 수 있었다. 그뿐 아니었다. 우루과이에는 탱고의 뿌리라고 불리는 음악들이 모두 현존하고 있었다. '깐돔베'라는 흑인 음악도 있다(지금 아르헨티나에는 흑인이 거의 없다. 원주민의 비율도 다른 남미 국가들에 비해 아주 적은데, 흑인은 더 적다. 그럴 만한 슬픈 역사가 있나. 탱고에 흑인 음악의 영향이 있다는데 아르헨티나에 흑인이 없다는 것은 어찌 된 걸까).

우루과이 사람들은 탱고의 기원이 우루과이라고 주장한다. 탱고의 소유권에 있어서 우루과이와 아르헨티나는 라이벌인 셈이다. 너무나 유명한 탱고곡 '라 쿰파르시타(La Cumparsita)'를 아르헨티나가 월드컵 주제가로 삼으려고 했을 때 우루과이가 반대했다. 그 곡은 우루과이의 것이라고.

부에노스아이레스의 음반 전문가와 오랫동안 이야기를 나누었는데, 그는 '음악의 발생지가 어디인지를 말하는 것은 무의미하다'고 했다. 탱고는 다른 여러 음악들처럼 어느 항구에서 만들어진 것은 맞다, 하지만 그곳이 부에노스아이레스인지는 모른다, 라고 했다. 단지 부에노스아이레스가 큰 항구였기 때문에 유명해진 것이라고 말했다. 그는 '비밀을 하나 말해줄까?'라며 목소리를 낮추고, '가르델은 우루과이 사람이야. 여기서는 단지 그의 출생이 불확실하다고만 말하지'라고 했다. 이는 충격적인 발언이다. 아르헨티나의 탱고 영웅 카를로스 가르델이 탱고 경쟁국 우루과이 출신이라니.

아르헨티나 대중들이 탱고를 많이 듣거나 추지는 않지만, 지금 아르헨티나에는 훌륭한 탱고 아티스트들이 있다. 탱고를 클래식 음악의 위치에 올려놓은 피아졸라의 후예들이 음악의 완성도를 더 높였다. 우리는 탱고 음악에 반해 여러 장의 앨범을 샀다.

훌륭한 탱고 댄서들도 있다. 우리는 탱고 춤을 배워보기로 했다. 동네마다 댄스홀 밀롱가가 있고, 밀롱가에서는 정기적으로 댄스 교습을 한다. 쉽게 참가할 수 있다. 두 사람이 마주 서서 껴안는 자세에서 시작한다. 선생님은 '리더가 상대를 초대하는 겁니다'라고 말했다. 그리고 상대가 먼저 움직이기를 기다린 다음, 리더가 움직이는 것이라고 설명했다. 한 사람이 상대를 초대한다. 하지만 먼저 움직이는 것이 아니라 상대에 따라 움직인다. 두 사람의 완벽한 대화가 이루어져야 하는 것이다. 몸으로 하는 대화다. 선생님과 짝이 되어 움직일 때는 그가 어떻게 움직이려 하는지가 내게 전달되어 왔다. 우리는 하나처럼 움직일 수 있었다. 놀라운 경험이었다.

그런데 왜 내 아내와는 좀처럼 그렇게 안 되는 걸까? 그것이 궁금하다. /채

부에노스아이레스. 관광객이 많이 모이는 도레고 광장에서
거리 예술가들이 탱고를 추고 있었다.
그 옆의 옛 전축을 개조해 만든 앰프에서는 지지직대는,
낡았지만 매혹적인 탱고 음악이 흘러나오고 있었다.

부를 꿈꾸며 모여들었던 사람들이 세운 도시인만큼 그들의 꿈이 아직도 거리에 묻어 있다.
도시는 화려하기 그지없다. 사진 가운데에 서 있는 동상은 14대 대통령 훌리오 로카 장군이다.
원주민 학살로 유명하다.

와이너리에 가다

아내는 아르헨티나 여정을 짜면서 와이너리 투어를 가자고 했다. 아내가 선택한 멘도사는 칠레로 넘어가는 길목에 있는 오래된 도시로, 안데스 산맥의 기슭에 자리한 와인 명산지다.

내 심사는 불편했다. 바쁘게 일들 하시는데 불쑥 방문하는 것은 예의가 아니라는 생각도 들었고, 와이너리 투어란 나와는 계급이 다른 사람들이 즐기는 문화가 아닌가 싶어 살짝 쫄기도 했다. 막상 가서 보니, 관광객이 들락거리건 말건 볼리비아에서 온 인부들은 열심히 말벡 포도를 수확하고 있었다.

우리는 자전거를 빌렸다. 자전거집 아주머니는 와이너리 지도를 한 장 주면서, 멘도사의 와인 산업에 대해 브리핑을 해주었다. 우리는 몇 군데 목적지를 정하고 포도밭 사이로 자전거를 몰았다. 대부분의 와이너리에는 관광객을 상대하는 직원이 따로 있었다. 입장료를 받고 영수증을 내준 직원이 우리를 공장 여기저기로 끌고 다니며 이것저것 영어로 설명했다. 그가 한 말 중 내 귀에 남은 것은 이런 문장이었다.

"많은 분들이 어떤 와인이 제일 좋은 거냐고 묻는데요, 좋은 와인이란 없습니다. 자기 취향에 맞는 와인이 있을 뿐이죠."

실은 며칠 전에도 비슷한 이야기를 들었다. 멘도사로 오기 전, 코르도바에서 악기점에 들렀을 때였다. 스페인어로 '판데로'라고 부르는 손으로 들고 치는 북을 하나 사고 싶었다. 나는 여러 개의 판데로를 두드려 소리를 비교하며 악기점 아저씨에게 물었다.

"이 중에 어느 게 좋은 건가요?"

아저씨는 이렇게 대답했다.

"좋은 악기라는 건 없어. 자기 취향에 맞는 소리를 찾으면 되는 거지."

내가 너무 듣고 싶은 것만 골라 듣는 걸까? /채

P.S 나는 와이너리 투어에 대해 그다지 기대를 하지 않았다. 그날 우리가 들른 트라피체 와이너리에서는 네 잔의 시음용 와인을 내주었다. 그곳에서 나는 와인 향이 그렇게 좋은 건지 처음 알았다. 와인 맛의 70퍼센트는 향기라는 말은 그래서 나온 듯했다. 그 네 잔 중 어느 잔이었을까, 한 모금을 입에 물었을 때 내 눈앞에 노랑과 보라의 꽃밭이 펼쳐지고 저 멀리서 소녀가 치마를 나부끼며 뛰어오는 모습이 보였는데, 가까이 와서 보니 마누라였다(오해 마시길. 그만큼 좋았다는 뜻이다).

멘도사의 와이너리들은 자전거를 타고 둘러볼 수가 있다.
유명한 곳, 오래된 곳, 경치 좋은 곳, 값싼 곳들 중 몇 개를 골라 방문하고
약간의 금액으로 시음용 와인을 마셔볼 수 있다.
몇 군데 들르고 나면 술기운에 자전거 타기가 조금 힘들어지긴 한다.

부에노스아이레스 거리를 비추는 빛은 묘했다.
격자 형태로 지어진 계획도시였기 때문이었을까,
아니면 정말 남다른 공기 때문이었을까?
다른 어떤 도시보다도 밝은 부분과 어두운 부분의 차이가 컸다.

─────── 아르헨티나의 금융 위기

세상에, 나라 이름이 '돈'이다. 강 이름은 '은'이고. 사람들은 은벼락 꿈을 꾸며 이 항구에 도착했다. 아르헨티나(Argentina의 어원에 돈이라는 뜻이 있다)의 부에노스아이레스(좋은 바람)는 오래전 '순풍의 성모' 덕에 이곳에 도착한 뱃사람과 사업가, 약탈자들이 세운 항구 도시다. 대서양으로부터 라플라타(La Plata, 은) 강을 타고 조금 대륙으로 들어온 곳에 자리를 잡았다.

하지만 이 나라가 은으로 직접 이익을 본 적은 한 번도 없다. 볼리비아의 포토시에서 은이 나는 동안, 남아메리카의 무역항 역할을 하며 번성했다. 19세기 말, 또 한 번 사람들이 부를 꿈꾸며 이 땅으로 몰려든다. 하지만 이미 '꿈'이라는 단어는 '빚'으로 바뀌어 있었다. 빚으로 꿈을 이루는 나라는 결국 위기를 맞는다.

우리가 여행을 하기 직전, 또 한 번의 외환 위기가 이 나라를 덮쳤다. 아르헨티나 돈의 환율이 엉망진창이다. 암시장에서 미국 달러를 바꾸면 은행에서보다 0.4배를 더 받을 수 있다. 암시장이 활발하다는 것은 그만큼 이 나라의 경제가 불안하다는 뜻이다. 어느 날 아침 우리가 지하철을 타러 갔는데, 어제까지 3.5페소였던 차비가 5페소가 되어 있었다. 엄청난 인플레이션이다.

당연히 돈의 가치가 떨어졌다. 우리는 호스텔 근처의 고급 레스토랑에서 스테이크와 샐러드, 와인까지 2만 원 조금 넘는 돈으로 배부르게 먹을 수 있었다. 동네 식당에서는 - 우리가 된장찌개 백반을 먹는 것처럼 - 이 나라 사람들이 보통 먹는 스테이크와 샐러드 세트가 4000원이다. 우리는 먹는 게 남는 거라며 끼니때마다 고기와 포도주로 배를 채우다가 성격이 포악해지는 것을 느끼고 중단했다.

우리는 환율 덕을 톡톡히 보았다. 하지만 고기로 배가 불러오는 만큼, 동시에 이 나라의 경제 위기가 실감되기도 했다. 그 선입견 때문인지 지하철 안의 아르헨티나 사람들 표정이 유난히 어두워 보인다. 해가 질 무렵 거리의 쓰레기통에서 젊은이들이 뭔가를 뒤지는 모습을 본 게 한두 번이 아니다.

지금 세계에서 가장 큰 돈벌이 수단은 '금융자본 장사'라고 한다. 어떻게인지는 모르겠으나 돈 덩어리들이 세계를 흘러 다니며 돈을 번다. 이 금융자본은 결국 세계의 어느 한쪽을 가난하게 만들면서 다른 한쪽을 부자로 만들어준다. 아르헨티나가 지금 그 가난해지는 쪽에 있다. 솔직하게 말하자면 나의 불안은 세계 경제 상황의 악화가 아니었다. 거리에서 마주치는 젊은 애들이 갑자기 강도로 돌변하면 어쩌나 하는 걱정이었다.

우리는 애호하던 스테이크집 창가의 고급 테이블에 앉아 400그램짜리 고깃덩어리를 기다리고 있을 때, 주방장이 뭔가를 한 쟁반에 들고 밖으로 나가는 모습, 동시에 건너편에서 서성이던 사람들이 달려와 그로부터 스파게티가 담긴 그릇을 받아가는 모습을 보았다. 이 식당은 매일 사람들에게 음식을 나누어 준다고 했다. 한 번에 30인분을 하루에 두 번씩 나누어 주는 일을 6년 동안 해왔단다. 그 후에도 거리에서 뭔가를 나누어 주는 모습을 몇 번 더 볼 수 있었다. 아르헨티나가 오랫동안, 그리고 그중 몇 번의 큰 위기를 겪는 동안 사람들은 이렇게 서로 나누는 방법을 터득했다고 식당 아저씨가 설명했다. /채

아르헨티나 코르도바에서 우리는 벨레사와 그녀의 친구들을 만났다.
연극배우 벨레사는 호스텔에서 일하면서 일주일에 한 번 호스텔 옥상에 연극 무대를 꾸몄다.
밤이 깊은 후 친구의 친구, 그 친구의 친구, 그리고 우리를 포함해 십여 명의 관객들이 옥상에 모였다.

칠레에서 만난 두 사람

다들 잠에 못 들고 뒤척인다. 건조한 공기가 잠을 방해한다. 여덟 명이 함께 누운 호스텔 방 여기저기서 마른 침 삼키는 소리가 들린다. 칠레 아타카마 사막의 밤은 적응하기 쉽지 않았다. 아타카마 사막은 세계에서 가장 건조한 지역이다. 일 년 중에 비 오는 날이 3일 정도 된단다. 정말 하늘에 구름 한 점이 없다. 일 년 내내 맑은 하늘이 계속되니, 이 지역은 세계에서 가장 별 보기 좋은 곳이라고 불린다. 여러 나라에서 이곳에 천문 관측소를 세웠다.

아내가 이곳에 가자고 했을 때, 나는 속으로 '뭐 특별나겠어? 별이야 어디서나 다 보이는 거 아냐?' 하고 생각했다. 일 년 내내 하늘이 맑다는 것은 일 년 내내 별 보는 사람들한테나 좋은 거지, 우리 같은 관광객과는 상관없는 문제다.

별다른 계획이 없었던 나는 – 실은, 나는 이때쯤 이미 아내가 세워놓은 계획에 순종하고 있었다. 아내의 계획을 따르는 것도 좋았다. 예를 들어 아내를 따라 갔던 아르헨티나 멘도사의 와이너리에서 나는 처음으로 와인의 향기를 알게 되었다. 그런 경험은 여행 전체에 꽤 여러 번 있었다. 그러니, 아내와 함께 여행을 떠날 남편분들, 그냥 아내의 계획에도 따라보세요 – 아내를 따라 아타카마 사막에 왔다. 조금만 움직여도 모래 먼지가 풀풀 일어나는 작은 관광지 마을이었다.

밤 10시쯤 우리 부부는 별 보기 투어 버스에 올랐다. 버스는 우리를 사막 한복판에 내려놓았다.

"우와!"

나도 모르게 감탄사가 새어 나왔다. 천지 사방이 별이다. 머리 위로 별들의 띠가 지나간다. 은하수다. 조금 과장하면 은하수가 만든 그림자가 바닥에 보인다.

그곳에서 작은 관측소를 운영하는 아마추어 천문가가 나와서 별에 관한 설명을 시작했다. 그는 그를 중심으로 원을 만들고 선 관광객들에게 여기 보이는 별 중에서 이름을 아는 것이 있느냐고 물었다. 사람들로부터 몇 개의 이름이 나온 다음, 그가 별 이름 하나를 추가했다. '지구'라는 별 위에 우리가 서 있다고. 그는 지구가 우주 안에서 얼마나 작은 존재인지 설명했다. 사실 거기서부터는 이미 많이 들어본 이야기였다. 특별히 더 왜소해질 일도 없고, 더 무상해질 일도 없다. 그의 이야기보다는 별이 좋았다. 별들이 스스로 말을 걸어왔다.

 그래서 로이가 이곳으로 온 것일까? 우리는 이런 땅에서 만나는 것이 가장 그럴듯한 인물을 한 명 만났다. 이 호스텔을 누가 지었을까 궁금해하고 있을 때였다.

호스텔 건물로 말하자면, 벽돌을 쌓고 나뭇가지를 엮어서 지붕을 올린, 그야말로 수제 건물이었다. 비가 안 오니 이렇게 지어도 충분한가 보다. 방 안에 쌓이는 모래는 아무리 쓸어내도 끝이 없다.

그날도 로이는 뒤뜰에 뭔가를 짓고 있었다. 햇볕에 그을리긴 했지만 백인인 것을 알 수 있었다. 그의 손놀림을 구경하고 있을 때, 그가 먼저 영어로 말을 걸었다. 그는 캐나다인으로 세계를 여행하고 있었다. 칠레에 일 년 정도 있을 계획인데, 이 호스텔 주인과 친해서 일을 도와주고 있다고 말했다. 물론 그 대가로 숙식을 해결했다. 우리는 며칠 동안 이런저런 이야기를 나누었다. 그중에 목공에 대한 이야기가 자주 나왔다.

"목공은 아주 멋진 일이야. 체스 게임과도 같지. 다섯 수쯤은 미리 내다봐야 하거든. 논리적이면서도 창의적인 작업이야. 많은 경험을 필요로 하지. 여행도 내게 그런 경험을 주거든. 그래서 난 여행을 좋아해."

로이는 자기가 만든 것들을 보여주었다. 한 방문에는 물고기 모양의 그림이 붙어 있었다.

"이건 나야. 난 '사적인 것'이 중요하다고 생각해. 사람들이 너무 똑같이 사는 것 같지 않아?"

집을 짓는 것에 대해서도 이야기를 했다. 나도 언젠가 내 손으로 집을 짓고 싶다고 말하자, 그가 반가운 표정으로 말했다.

"짓고 싶은 집의 그림이 있어? 나한테 보여줘 봐. 나도 내 집의 그림이 있는데 아주 독특하지. 문과 창문은 원형이야. 마치 호빗의 집 같을 거야."

"그 집은 언제 지을 건데?"

내 질문에 그가 이렇게 답했다.

"글쎄, 내가 지금 59살이긴 한데, 난 아직은 정착할 때가 아니라고 생각해."

아직 정착할 때가 아니라고 생각하는 이 캐나다인은 가장 좋아하는 나라를 칠레라고 말했다. 앞으로 더 한참 세상을 떠돌 것 같다.

그가 한 말 중에 '사적인 것'이라는 단어가 내 머릿속에 남았다. 나는 오래전부터 모두가 똑같이 사는 세상이 근심 걱정이었다. 한국계 일본인 소설가 가네시로 카즈키의 표현을 빌자면, '남들의 상상력에 놀아나는 일'로부터 자유로워지고 싶었다. 로이가 말한 '사적인 것'은 똑같은 세상, 남들의 상상력에 휘둘리는 세상에 대항하는 수단이 될 수 있지 않을까. 아타카마를 떠나 다시 남쪽으로 내려가는 버스 안에서 나는 로이의 말들을 곱씹고 있었다.

다음 행선지는 칠레의 바닷가 도시 발파라이소였다. 우리는 이곳에서 파블로 네루다를 만났는데, 네루다의 삶은 로이가 말한 '사적인 것'의 모범 예제처럼 보였다. 물론 방금 아타카마에서 로이를 만나고 왔기 때문이다.

파블로 네루다는 시인이자 정치인이다. 여행 중에 만난 한 칠레 젊은이는 네루다에 대해 '그는 시인 그 이상이야'라고 말했는데, 그의 말투에서 큰 무게가 느껴졌다. 네루다는 칠레만이 아니라 남미 전체의 삶에 영향을 준 중요한 인물이다.

네루다는 칠레의 바닷가 도시 발파라이소와 그 외곽인 이슬라 네그라, 즉 '검은 섬'에 스스로 집을 짓고 살았다(검은 섬은 진짜 섬은 아니다. 칠레 군사독재 동안, 네루다는 이 검은 섬의 집에 갇혀 지내기도 했다. 네루다의 집은 로이의 집만큼 독특했다. 바다를 좋아했던 네루다는 발파라이소 언덕 위에 배처럼 생긴 집을 지었다. 그의 집무실은 배의 조타실 같다. 창밖으로 발파라이소의 앞바다가 보인다. 그는 자신이 육지를 항해한다고 말했다).

네루다는 이름 짓기를 좋아했다. 이름 붙이기도 그가 사적인 세상을 만들어가는 방법이었다. 그가 좋아했던 의자의 이름은 '구름'이다. 그는 매일 구름에 앉아 바다를 바라보았다.

무엇보다 집을 둘러보면서 놀라게 되는 것은 네루다의 수집품들이었다. 정말 대단한 수집품들이다. 검은 섬의 집의 큰 거실에는 오래전 뱃머리에 달려 있던 인형 조각들이 가득하다. 배가 세상의 바다를 누비는 동안, 뱃머리에 매달려 바람과 파도에 맞섰을 그 인형 조각들이다. 온 바다가 다 모인 듯하다. 그 밖에도 지도, 장난감, 술병, 조개껍데기까지, 수집은 그가 만들던 세계를 우리에게 보여준다. 파블로 네루다는 한편으로는 훌륭한 정치가였고, 한편으로는 '사적인' 세상을 가진 예술가였다.

검은 섬의 집 마당에는 네루다가 어부로부터 사들인 배가 한 척 있다. 그는 배를 타고 바다에 나가는 대신, 그 위에 올라 앉아 술을 마셨다. 바다에 나가나 술을 마시나 어지럽기는 마찬가지라는 것이 이유였다. /채

아타카마 사막에서 별 보기를 한 다음 날, 우리는 사막 투어를 나섰다.
소금 호수에서 수영을 하고 소금 평야를 걷다가 석양을 보는 순서였다.
가이드가 따라준 페트병 모히토로 건배를 했다. 바람이 셌다.

칠레 산티아고 어린이 극장에서 인형극 축제가 열렸는데,
그 프로그램 중 하나는 음악회였다. 밴드의 멤버 모두가 광대로 분장을 하고 연주를 했는데,
음악이 아주 좋다. 광대가 될 수 있다면 얼마나 좋을까?

——— 칠레에서 쓰나미를 만나다

지구라는 액체 덩어리 위에 얇은 땅 껍데기들이 둥둥 떠 있다. 이 대륙판들이 만나는 경계선이 일본 근처에만 있는 것이 아니었다. 더 크고 긴 경계선이 남북 아메리카 대륙의 서쪽 해안을 따라 놓여 있다. 우리가 칠레의 바닷가 도시 발파라이소에 있을 때, 그 땅덩어리의 경계선 한 곳이 충돌을 일으켰다. 지진계로 8.2란다. 이 지진계의 숫자는 사람의 감각을 제대로 반영하지 못한다. 6과 7의 차이와 7과 8의 차이는 어마어마한 것이다. 하여간 그 진도 8.2의 지진이 칠레 북쪽의 바닷가에서 발생했다. 칠레 전역에 쓰나미 경보가 내렸다. 밤 12시쯤 호스텔 직원이 우리 방문을 두드리고, 이곳 발파라이소에도 쓰나미 경보가 내렸다고 알려주었다. 그러면서 만약을 위해 경보를 내린 것이고, 보통 그렇듯이 이번에도 별일 없을 것이라는 자신의 의견도 짧게 덧붙였다.

우리는 어떻게 해야 하나 잠시 서로의 얼굴을 쳐다보고 앉았다가 작은 가방에 꼭 가져가야 할 것을 비싼 순으로 담고, 여차하면 입고 나갈 옷을 발밑에 순서대로 펼쳐놓고 침대에 누웠다. 자동차 지나가는 소리가 멀리서 다가와 옆을 스쳐 지나가는데 마치 큰 파도가 밀려오는 소리처럼 들렸다. 갈매기가 저리 우는 건 동족에게 해일의 위험을 알리려는 걸까? 도저히 깊이 잠이 들지 않았다.

갑자기 사이렌이 울렸다. 경찰이나 소방차가 아니다. 민방위 훈련 같은, 건물에 붙은 확성기에서 퍼져 나오는 낮은 저음의 소리. 이건 뭐지? 아직 6시도 안 됐다. 사이렌은 곧 사라졌다. 거리는 여전히 조용하다. 호스텔 로비에 직원은 없다. TV를 켜서 뉴스를 봤다. 30분쯤 해독에 몰입한 끝에, 뉴스가 어젯밤의 녹화 영상을 반복해서 보여주고 있다는 것을 알았고, 그것은 그 이후에 별일이 없다는 뜻이므로, 우리는 다시 침대로 들어갔다.

실은 발파라이소의 마을들이 언덕 위에 자리 잡은 판자촌인 덕분에 애당초 걱정의 3/4은 무시하고 있었지만, 나머지 1/4만큼의 걱정은 되었다. 혹시나 여기서 사고를 당하면 어떻게 하나? 내 생이 여기서 끝나면 안 된다. 여행을 하면서 앞으로 하고 싶은 것들이 잔뜩 생겼단 말이다. 늦잠을 자고 9시쯤 로비로 나가니, 호스텔 직원은 아무 일 없었다는 듯 딴청을 부리고 있었다.

앗, 그런데! 이 호스텔은 아침을 안 준단다. 이런 쓰나미 날벼락이! /채

산티아고의 미술관 앞 공원에서는 주말마다 벼룩시장과 거리 공연이 열린다.
공원 한쪽에서 젊은이들이 서커스 연습을 하고 있다. 어느 날 교차로에 멈춰 선
우리 차 앞에 뛰어든 젊은 여성의 저글링 솜씨는 아주 훌륭했다.

하루는 비올레타 파라의 음악을 연주하는 공연을 찾아갔다.
동네의 작은 극장이었다. 두 명의 여성이 통기타를 치며
파라의 음악을 연주하는 동안 관객들이 함께 노래를 따라 불렀다.

─────── # 케네디 머그컵과 칠레 역사박물관

우리 부부는 여행을 시작하기 전에 칠레에 대한 가이드북 삼아 『칠레의 모든 기록』이라는 논픽션을 한 권 읽었다. 칠레의 역사에서 가장 중요한 순간이었다고, 우리 맘대로 정해버린 칠레의 민주화와 군사독재 시절에 대한 이야기였다. 칠레의 군사독재가 시작되면서 수많은 사람들이 목숨을 잃었다. 많은 사람들이 추방당하거나 나라 밖으로 피신했다. 영화감독 미겔 리틴도 그들 중 하나였다. 망명한 지 12년 만에 미겔 리틴은 우루과이 사업가로 변장을 하고 다시 칠레에 숨어들어 간다. 칠레의 현실을 기록하는 영화를 찍기 위해서였다. 그 과정의 이야기가 『칠레의 모든 기록』이다. 미겔 리틴이 수도 산티아고의 대통령궁 앞 광장을 한 바퀴 걸으며 자신의 잠입을 확인하는 장면은 묘한 긴장감이 흐른다.

이 이야기에는 두 명의 대통령이 등장한다. 칠레의 민주화를 이루려고 했던 살바도르 아옌데 대통령과 미국의 힘을 업고 일으킨 쿠데타로 군부독재를 시작한 피노체트 대통령이다. 1973년 9월 대통령궁인 모네다궁 위로 비행기가 폭격을 시작했다. 탱크와 보병들이 뒤를 이어 밀고 들어갔다. 아옌데 대통령은 가족을 대피시키고, 자신은 대통령궁을 지키고 있었다. 그날 오후, 군사평의회는 아옌데 대통령이 교전 중 자살했다고 발표한다.

우리가 산티아고에 들렀을 때, 대통령궁 앞 광장의 아옌데 대통령 석상 앞에는 몇 명의 관광객들이 둘러서서 무심한 표정으로 가이드의 설명을 듣고 있었다. 광장 주변에는 여러 명의 대통령 석상이 있었는데, 관광객들이 없었다면 아옌데를 못 보고 지나칠 뻔했다. 그 석상들 사이에 피노체트는 없다. 산티아고의 역사박물관에서는 아옌데 대통령의 부러진 안경테를 볼 수 있었다.

그뿐이었다. 혹시 판다고 해도 살 리 없지만, 아옌데 티셔츠나 아옌데 머그컵 같은 것은 없었다. 아옌데만이 아니다. 같은 시기에 처형당한 유명한 저항음악 가수 빅토르 하라나 또 다른 중요한 가수였던 비올레타 파라의 티셔츠도 우리는 보지 못했다. 그런 것들을 보지 못했음을 분명히 깨달은 것은, 얼마 후 우리가 미국을 여행한 다음이었다.

미국 텍사스 주 달라스의 중심가에는 아스팔트 도로 한복판에 엑스자 표시가 새겨져 있다. 관광객들이 몰려와 그 아스팔트 바닥을 사진 찍는다. 1963년 케네디 대통령이 저격당한 장소다. 암살범이 총을 쏜

장소로 알려진 교과서 창고 6층은 '6층 박물관'이라는 이름의 박물관
이 되었다. 박물관만이 아니다. 거리 곳곳에는 안내판이 있는데, 수상
한 사람이 목격되었다는 나무 담장 앞의 안내판도 있고, 드레스 제작
업자였던 에브라함 제프루더가 그의 무비카메라로 케네디 암살의 순
간을 찍은 자리를 알리는 표지판도 있다.

길거리와 교과서 창고 앞에서 기념사진을 찍은 관광객들은 그 옆에
마련된 케네디 기념품점에서 전 대통령의 얼굴이 그려져 있는 티셔츠
와 머그컵을 구경했다. 그때서야 우리는 칠레의 산티아고를 다시 생
각해보게 되었다. 달라스에는 케네디 머그컵이 있는데, 산티아고에
는 왜 아옌데 대통령 머그컵이 없을까?

케네디가 아옌데보다 훨씬 유명하고 인기 있는 사람이어서 그럴까?
케네디가 훌륭한 정치인인지는 모르겠으나 인기 있는 정치인임은 맞
다. 그렇더라도 길바닥에 새겨진 엑스 표시와 온갖 안내판들이 케네
디를 추모하기 위해 마련된 것이 아님은 분명하다. 우리는 다른 이유
가 있을 것이라 생각했다. 바로, 무엇이든지 상품으로 만들어버리는
미국식 장삿속 때문이 아닐까?

칠레 산티아고의 역사박물관은 우리에게 깊은 인상을 주었다. 단지
오래된 물건을 순서대로 늘어놓은 보통의 역사박물관이 아니었다.
역사적 수집품 사이사이에 현대 작가들의 예술 작품을 함께 놓았다.
과거로부터 온 물건과 작가의 창작물은 서로 존재를 방해하며 함께
수수께끼를 만들고 있었다.

문학평론가 김윤기 선생은 가까운 과거를 제대로 이야기할 수 있는
건, 역사의 기록이 아니라 문학이라고 말한 적이 있다. 그리고 『토지』
나 『태백산맥』 등을 예로 들었다. 예술의 역할을 말한다고 알아들었
다. 산티아고의 역사박물관의 작품들이 그것을 보여주는 듯했다. 보
는 사람들에게 질문을 던지고 있었다. 그 사이에 아옌데 대통령의 부
러진 안경테가 있었다.

달라스의 기념품점에서 파는 케네디 머그컵은 사람들에게 질문을 던
질까? 사람들로 하여금 생각하게 할까? 그럴 리가 없다. 자본주의가
원하는 것은 그런 것이 아니다.

잠깐 우리 한국의 모습을 생각해보았다. 한국도 여러 가지 것을 관광
상품으로 만들고, 여러 가지 것을 축제로 만들고 있다. 우리의 모습은
미국에 가까울까, 칠레에 가까울까?

칠레의 대통령궁은 관광객이 구경할 수가 있다. 우리가 대통령궁에
갔을 때, 제복을 입은 경비원이 우리 앞을 막으며 뭐라고 했다. 우리
가 알아들은 건 '인터넷'이란 단어와 키보드를 치는 손 모양이었다. 이
메일로 미리 신청을 해야 한단다. 하라는 대로 해서 보냈는데 답변이
왔다. 세 종류의 서류를 첨부해서 다시 보내라는데 이 서류가 모두 스
페인어다. 산티아고는 여행자에게 눈웃음치거나 애원하지 않는 도시
였다. 지금 생각해보니, 우리는 그런 도시가 좋았다. /채

산티아고의 역사박물관 전시에 깜짝 놀랐다.
박물관의 수집품들 사이에 예술가들의 설치 작품이 섞여 있었다.
이를 테면 식민지 시대를 말하는 방 안에 원주민의 창이 날아와 꽂혀 있는 식이다.
박물관은 우리에게 질문을 하고 있었다.

미국 달라스의 아스팔트 길. 케네디 대통령이 저격당한 자리에 엑스 표시가 되어 있다.
행렬을 구경하러 나왔던 제프루더가 무비카메라로 그 순간을 찍었다는 자리에서
관광객들이 아스팔트를 사진 찍고 있다. 오른쪽 안내판이 제프루더의 활약상을 소개하고 있다.

브라질리아 이야기

몇 명의 천재들이 밀실에 모였다. 그들은 세상에서 가장 완벽한 도시를 만들자고 의견을 모았다. 아무것도 없는 땅 위에, 정말 아무것도 없는 고지대 평원에 설계도를 그렸다. 거대한 인공 호수를 팠다. 길을 만들고 건물을 지었다.

그들이 만든 도시는 위에서 내려다보면 비행기를 꼭 닮았다. 비행기처럼 생긴 도시에 건물들을 기능에 따라 배치했다. 행정구역은 비행기의 앞머리에, 대통령궁은 조정석 위치에 놓았고, 주거지역은 날개 위에 놓았다.

공상과학 만화에 나올 법한 이야기다. 한 도시가 실제로 이렇게 만들어졌다는 이야기를 듣고 안 가볼 수 없었다. 브라질의 수도 '브라질리아' 얘기다.

이 도시의 건설은 1956년에 시작되어 1960년에 완성되었다. 유럽 전체보다도 넓은 브라질 땅 정 가운데에 자리 잡았다. 첫 수도 살바도르와 두 번째 수도 리우데자네이루가 바닷가의 도시였던 것과 다르다. 수도라면 국가의 중심에 있어야 한다고 믿은 까닭이다.

당시 브라질 대통령이었던 쿠브체크가 팀을 모았다. 도시설계가 루시우 코스타, 건축가 오스카 니마이어, 조경 전문가 부를레 막스 들이 모였다. 현대 건축의 역사에 이름을 남긴 천재들이 한자리에 모인 것이다. 천재여서 이름을 남겼는지 이름이 남아서 천재로 여겨지는지는 모르겠으나, 그들이 남긴 도시와 건축물을 보면 자신들도 스스로를 천재라고 생각했던 듯하다.

중요한 축구 경기마다 등장하는 초록과 노랑, 파랑의 브라질 깃발은 우리에게 익숙하다. 브라질의 깃발에는 지구가 있고 그 안에 별 그림이 있다. 그 별자리는 브라질이 독립을 한 날 하늘의 별자리 모양이라고 한다. 그 지구와 별자리를 감싸는 흰색 띠가 있는데, 그 위에 두 개의 단어가 새겨 있다. '질서와 진보'. 질서와 진보라니, 언뜻 브라질이라는 나라의 이미지와는 어울리지 않는 것 같지만, 우리 부부는 브라질 여기저기에서 이상주의자들의 흔적을 보았다. 브라질리아 역시 그 흔적 중 하나다. 브라질의 천재들은 새 수도가 그들의 이상인 '질서와 진보'를 구현할 것이라고 굳게 믿었다.

물론 인간의 이성을 믿고 이상을 좇았던 사상의 흐름이 브라질에만 있었던 것은 아니다. 20세기 초반에 전 세계에 퍼져 있었던 사상과 행동이었지만, 그런 행동이 어떤 장소에서는 유난히 눈에 띄는 듯하다. 브라질의 고원이나 아마존의 정글이 그런 곳이다.

브라질을 여행하면서 〈피츠카랄도〉라는 영화가 자꾸 생각났다. 베르너 헤어조그라는 독일 감독이 만든 1982년도 영화다. 영화에서 주인공 피츠카랄도는 아마존 정글 안에 오페라 극장을 만들겠다는 집념을 실현시키려고 한다. 오페라가 문명을 상징한다는 믿음 때문이었다. 그가 세운 계획을 이루기 위해서는 증기선을 끌고 산을 넘어야만 한다. 원주민들의 희생으로 증기선을 끌어올려 산을 넘는 데까지 성공한다. 하지만 광기에 가까운 계획은 끝내 허무한 결말을 맞는다.

페루 안데스 산맥 위, 해발 3800미터의 고산 호수 티티카카에는 길이 79미터의 철제 증기선이 떠 있다. 한때 호수를 누볐지만 지금은 멈춰 서 있다. 티티카카에서 증기선이 처음 운항을 시작한 것은 1862년이다. 인부와 노새들이 증기선의 부품을 등짐에 지고 올라와 조립했다. 브라질의 아마존 한복판의 도시 마나우스에는 프랑스 파리를 재현하겠다며 세운 화려한 오페라 하우스가 남아 있다.

우리는 브라질리아를 직접 보고 싶었다. 운이 좋게도 남미 대륙에서 미국으로 넘어가는 비행기 표들 중에 브라질리아에서 출발하는 미국 비행기 표가 제일 쌌다. 자연스럽게 브라질리아는 우리의 세계일주 여정에 포함되었다.

우리는 브라질리아 공항에 도착하자마자 '만들어진' 도시를 체험할 수 있었다. 호스텔을 찾아가는 일부터 난감했다. 호스텔의 주소는

SHCGN708이고 W3N 위에 있었는데, '북쪽 날개 3번 길' 위에 있는 '북쪽 복합 주거 및 부속건물 708지역'이라는 뜻이다. 도시가 비행기 모양이니 양쪽을 '날개'라고 불렀다. 그 땅을 용도별로 나눈 이름이 있고, 거기에 순서대로 번호를 붙여놓은 것이다. 브로드웨이라든가 샹젤리제, 아니면 덕수궁 돌담길처럼 거리 이름에 감상이 묻어나는 일은 불가능할 듯하다. 연인들은 '우리가 함께 걸었던 SCRL107 기억나?' 하며 추억을 나눌까? 브라질리아를 떠나는 날까지도 이러한 거리 이름들은 낯설었다.

비행기라고 쉽게 설명했지만, 도시 설계자들이 비행기를 그렸다고 직접 말하지는 않았다. 도시의 모양이 새라고도 하고, 십자가라고도 불리는 이유다. 내가 조금 더 정확히 묘사해 보자면, 이 도시의 평면도는 미야자키 하야오 감독의 공상과학 만화영화 〈라퓨타〉에 나오는 미래 비행기에 가깝다.

며칠 동안 우리는 브라질리아의 얼굴이라고도 할 수 있는, 모더니즘 건축가 오스카 니마이어의 콘크리트 건물들을 보러 다녔다. 찾는 것은 어렵지 않았다. 대부분이 행정 건물들로 비행기의 머리 부분에 모여 있었을 뿐 아니라, 광활한 평지 위에 그 건물들만 우뚝우뚝 솟아 있었기 때문이다. 풍경을 방해할 아무것도 그 사이에 끼어들지 못했다.

새하얀 공의 반쪽을 엎어놓은 듯한 국립박물관, 새장처럼 생긴 역시 새하얀 대성당, 새하얀 대접 두 개를 하나는 똑바로 놓고 다른 하나는 뒤집어놓은 후 가운데는 젓가락을 꽂은 모양의 국회의사당은 '오스카 니마이어가 철근 콘크리트로 해보고 싶은 것은 다 해봤구나' 하는 감탄을 안겨주었다. 이뿐만이 아니다, 외교부 건물, 대통령궁, 스타디움 등 여러 가지가 오스카 니마이어의 '작품'이다.

기대에 들떠 구경을 나왔다가 우리는 박물관과 성당 두 곳을 구경한 후 바로 지쳐버리고 말았다. 도시의 축적은 걷는 사람을 위한 것이 아니었다. 이 도시는 자동차 이용을 염두에 두고 만들어졌다. 건널목에서 사람들은 자동차의 원활한 진행을 위해 구불구불 돌아다녀야 했다. 애당초 이곳을 걸어서 구경하겠다는 생각이 잘못된 것이다. 게다가 넓디넓은 콘크리트 광장 위로 쏟아지는 브라질의 햇볕은 견디기 힘들었다. 어딘가 쉴 곳을 찾고 싶었다. 행정 건물들이 있는 쪽에 오가는 사람들이 보였다.

'저쪽에 가면 식당이나 카페가 있겠지. 시원한 걸 마실 수 있을 거야.'

이렇게 생각하며 한참을 더 걸었다. 그런데 아무리 걸어도 식당 비슷한 것이 없다. 건물에서 나온 한 여성은 말했다.

"카페를 원하면 상업구역으로 가. 여기엔 없어."

행정구역 사람들은 길거리 노점상에서 뭔가를 사고 있었다. 천재 도시 설계가가 미처 생각하지 못한 것을 노점상들이 보완하고 있었다. 우리도 아이스크림 하나를 사 먹었다. 엄청 비싸다. 이 노점상의 부족한 매상을 우리가 보완했다.

이곳에 사는 한 친구는 '여기는 5000원짜리 국수를 먹기 위해 1만 원어치 택시를 타야 하는 곳이야'라고 말했다. 이 정도면 이 도시는 누구를 위한 곳일까 하는 생각이 들 수밖에 없다.

브라질 정부는 도시를 건설하기 위해 브라질 북부에서 많은 노동자들을 데려왔다. 가난한 사람들이 가족을 데리고 일자리를 찾아 허허벌판이었던 이곳으로 왔다. 그들 덕분에 엄청난 속도로 도시가 건설되었다(왜 이런 종류의 일은 항상 속도가 빠른 걸까?). 행정구역 광장 한쪽에 이 노동자들을 기리는 의미의 조각상이 하나 서 있을 뿐이다. 지금 그들의 자녀와 자녀의 자녀들이 이 계획도시의 외곽에 빈민가를 형성하고 있다. 비행기 밖에서 사는 사람들이다. 퇴근 시간이 되면 비행기의 날개 끝쯤에는 집으로 가는 버스를 기다리는 사람들로 붐빈다.

오스카 니마이어들의 사상 앞에는 '르 코르뷔지에'라는 프랑스 건축가가 있었다. 19세기 말 유럽 부르주아들의 화려한 건축에 반동하고, 더 많은 사람들을 위한 합리적이고 실용적인 건축을 주장한 르 코르뷔지에를 많은 후배들이 따랐다. 계획도시의 건설이라는 아이디어도 르 코르뷔지에에게서 나왔다. 오스카 니마이어들도 사람을 위한 도시를 지으려고 했을 것이다. 왜 아니겠나? 여전히 브라질리아로부터 우리가 배워야 할 것이 더 많을지도 모른다. 너무 짧은 시간이 아쉽다.

브라질리아는 유네스코가 인정한 세계문화유산이다. 유네스코 세계문화유산으로 등록된 도시들 중 가장 최근에 만들어진 곳이다. 나는 브라질리아에 오기 전 이곳이 세계문화유산이라는 이야기를 들었을 때, 그 이유가 오스카 니마이어와 건축가들의 아름다운 건축물 때문일 것이라고 생각했다. 지금은 그 때문이 아닐 수도 있다고 생각한다. 아마도, 이 세계에서 다시는 만들어지지 않을 무모한 계획도시이기 때문일 것이다. 인간의 이성과 이상을 믿는 시대의 마지막 작품이다. /채

쿠바 아바나의 혁명광장.
아내는 체 게바라의 팬이었는데,
이 혁명광장에 가면 멋진 카페가 있을 것이라고 기대했다.

흰색의 철근 콘크리트 건물들이 브라질리아의 인상을 점령하고 있다.
재료의 특성을 최대한 이용하는 건물들의 모양도 인상적이지만,
무엇보다 계획도시의 짜임새가 인상을 결정한다. 오른쪽이 박물관, 왼쪽이 대성당이다.

멕시코 유카탄 반도의 욱스말 유적지. 마야문명의 유산이다.
몰래 이곳에 의식을 치르러 오는 사람들이 있는지, 입구에 '기도 금지' 푯말이 붙어 있다.
멕시코식 기독교에는 마야 토속신앙의 흔적이 남아 있다.

페루 안데스 산맥 위의 도시 아레키파.
근처에서 나는 다루기 쉬운 돌 덕분에 독특한 표정의 도시가 만들어졌다.
그중에서도 산타 카탈리나 수녀원은 정말 인상적이었다.

브라질 사람들이 스스로 '우리는 왜 이렇게 행복해하지?' 하고 말하는 것을
들은 적이 한두 번이 아니다. 마치 한국인들이 일중독자로 불리는 것과 비슷하다.

02

두 번째 대륙

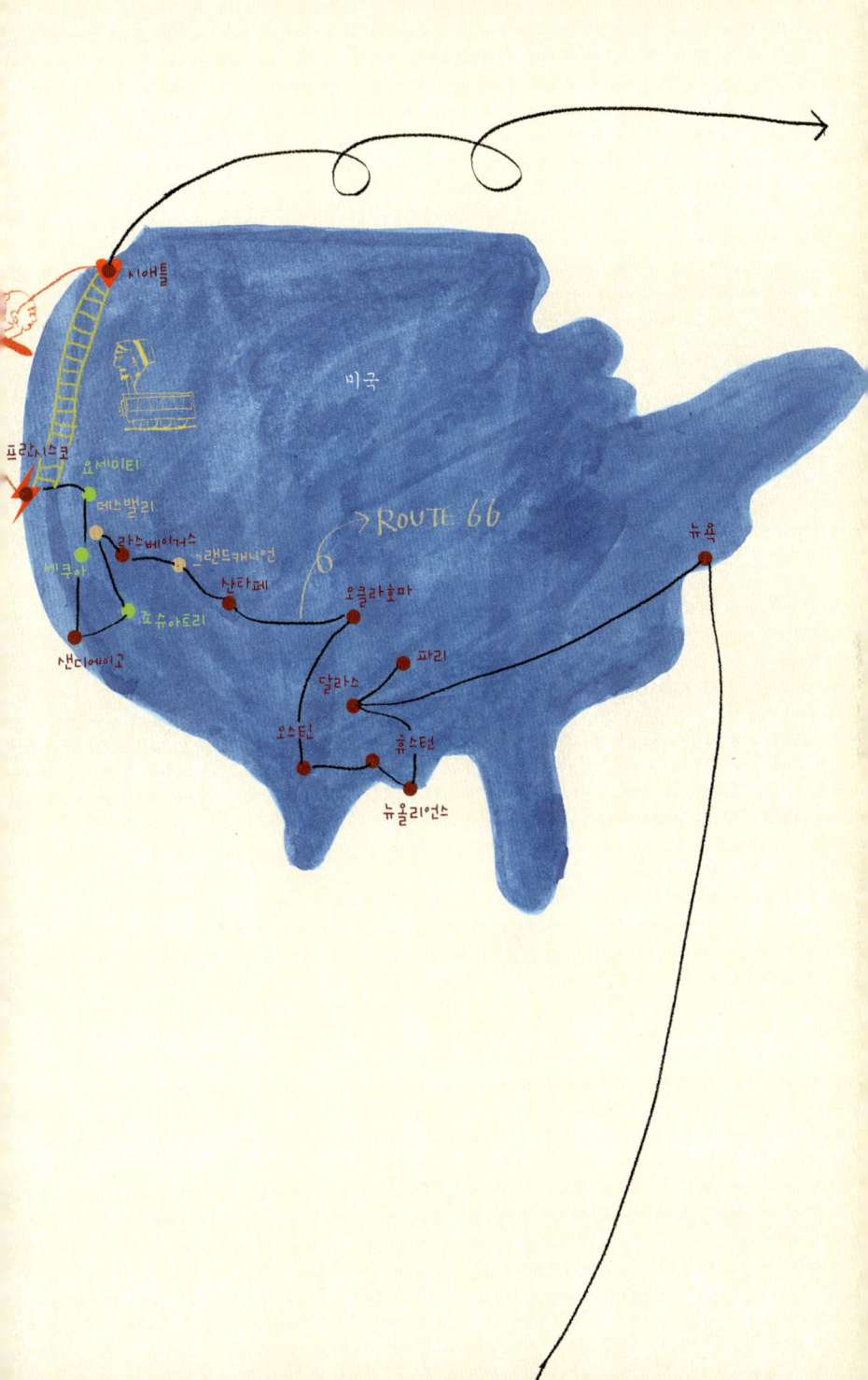

시애틀

미국

프란시스코

요세미티

데스밸리

라스베이거스

그랜드캐니언

> ROUTE 66

세쿼이아

산타페

오클라호마

뉴욕

조슈아트리

샌디에이고

파리

달라스

오스틴

휴스턴

뉴올리언스

뉴올리언스의 골목길에서 컨트리 밴드가 연주를 하고 있다.
외국인으로서는 영 알기 힘들었는데, 미국인들에게 컨트리 음악은
아주 큰 비중을 차지하고 있는 듯하다.

세계의 음악 한국의 음악

음악은 이번 여행에 어마어마한 재미를 더해주었다. 남미에서 여행을 시작했으니, 좋은 음악을 듣게 될 것이라는 정도의 기대는 했다. 하지만 우리가 이렇게 적극적으로 음악을 찾아다니고 음반을 사 모으게 될 줄은 몰랐다. 그 나라의 음악을 찾아다니고 이야기를 만나는 것이 좋았다.

첫 나라 멕시코부터 심상치가 않았다. 멕시코 땅 남동쪽에 불쑥 튀어나온 유카탄 반도를 여행하면서 '트로바' 가수들을 만났다. 이들은 기타 하나를 비스듬히 등에 메고 다녔다. 광장에서 관광객들에게 노래를 불러주는 모습은 멕시코 중부의 거리밴드 마리아치와 비슷하지만, 트로바 가수들은 혼자라는 점이 달랐다. 트로바라는 이름은 중세 유럽의 음유시인을 부르는 이름 '트루바도르'에서 왔다. 이곳저곳을 떠

돌며 노래를 불렀다는 음유시인의 모습이 아직도 그대로다.

역사를 보자면 트로바는 쿠바를 거쳐 유카탄 반도로 온 것이라는데, 막상 쿠바에서는 이런 모양의 트로바를 찾아보기 힘들었다. 쿠바의 대중음악은 온통 살사가 점령했다. 쿠바에 트로바라는 이름의 음악은 아직 있지만 그 모양이 바뀌었다. 쿠바의 혁명 시절, 저항음악으로 활약한 통기타 음악은 전 남미에 영향을 주었다. 지금 쿠바의 통기타는 전자악기로 바뀌었고 비판 정신은 희미해졌다. 쿠바에서 꽤 열심히 트로바를 찾아다닌 끝에 알게 된 것이다. 음악을 공부하는 일은 그 나라의 역사와 문화를 공부하는 일이기도 했다. 그래서 더 재미있었다.

다시 멕시코 이야기를 하자. 유카탄 반도의 도시 메리다의 우리 호스텔은 배낭여행객을 위해 여러 가지 서비스를 마련하고 있었는데, 그중 하나는 매일 저녁 트로바 가수 한 사람이 마당에서 노래를 부르는 것이었다. 술 먹고 떠드는 서양 놈들의 소음 사이에서도 그의 목소리가 아름답다는 것을 알아챌 수 있었다. 중년의 신사가 부르는 노래가 그렇게 감미롭고 멋질 수 없었다. 우리 부부는 매일 저녁 그의 노래를 듣기 위해 호스텔로 돌아갔다. 그도 우리를 위해 노래를 불러주었다. 그 노래에 반한 덕분에 거리에서 정품인지 복사판인지 알 수 없는 이상한 포장의 트로바 음반을 한 장 샀다. 그때부터 나라마다 시디 한 장씩을 사겠다는 '그 나라 대표 음악 수집 프로젝트'가 시작되었다.

'그 나라의 음악'을 찾는 것은 생각만큼 쉽지 않았다. 대중적으로 유명한 음악이 반드시 그들의 음악은 아니었다. 예를 들어 우리가 있을 당시 쿠바 전역을 휩쓸던 '네 삶을 살아라'라는 살사 곡은 미국 가수의 것이었고, 브라질 재즈인 보사노바는 브라질에선 별로 듣지 못했다. 아마 브라질보다 일본과 한국에서 더 인기가 있는 듯하다. 브라질 사람들에게는 역시 삼바였다.

없는 게 없다는 인터넷으로 음악도 찾을 수 있을까? 글쎄, 그다지 현명한 방법이 아니었다. 인터넷에 '안데스 음악'이라고 검색하면, '엘 콘도르 파사' 같은 관광객용 음악만 수백 개가 나왔다. 엘 콘도르 파사도 좋은 음악이긴 하지만 내가 찾는 음악은 지금 만들어지고, 요즘 사람들이 즐기는 살아 있는 음악이었다.

나는 페루의 푸노에서 민속경연대회와 성촉절 축제를 보면서, 지금 안데스 사람들의 음악이 내가 알고 있는 안데스 음악과 다른 것이 궁금했다. 마침, 프랑스에서 온 안데스 음악 동호회 회원들과 그들의 가이드와 버스를 함께 탔다. 페루인 가이드는 이렇게 말했다.

"음, 유럽인들이 생각하는 안데스 음악은 실제 안데스의 음악과 다른 점이 있지."

우리 부부는 직접 찾아 나서기로 했다. 어디서든지 좋은 음악이 들리면 주변 사람들에게 누구의 어떤 곡인지 물었다. 식당이나 카페 스피커에서 나오는 음악을 직원에게 묻기도 했고, 버스를 타고 가다 라디오에서 나오는 음악을 듣고 초면에 옆자리 학생에게 묻기도 했다. 사람들은 자기들 문화에 관심을 갖는 동양인들이 반가웠는지 가수와 곡목을 종이에 적어주고 거기에 자기들의 추천 리스트를 덧붙여주기도 했다.

무엇보다 도움이 된 것은 전문성을 갖춘 멋진 음반점들이었다. 이런 가게의 주인들은 내 질문을 이해해주었다. '전통 음악에 뿌리를 두었으면서도 지금 사람들도 좋아하는 음악'을 찾아달라는 내 질문을 이해했다. 가끔은 박현빈 메들리나 강병철과 삼태기 류가 나오기도 했지만 말이다.

그들 중 최고는 아르헨티나 부에노스아이레스의 음반점 '라이언'이었다. 탱고 음악을 소개해달라고 하자 아저씨는 대중적인 것에서부터 골수팬을 위한 것까지 난이도별 순서를 정해서 탱고 음반을 골라주었다. 포장지도 뜯지 않은 새 시디를 들어보라고 내주었다. 우리는 옆자리에 마련된 시디플레이어로 20장쯤 들어봤고, 그중에서 다섯 장이나 샀다. 주인아저씨는 음악이 정체성을 갖는다는 것의 의미를 정확히 알고 있었다.

좋은 음반점들이 많았다. 공짜로 주는 커피를 마시며 소파에 앉아 음반을 들어볼 수 있었던 아이슬란드 레이캬비크의 '12토나', 터키 이스탄불의 음반점 '메피스토', 리우의 보사노바 전문점 '토카 두 비니시우스', 작지만 음반에서 책까지 탱고에 관한 모든 것을 가지고 있던 우루과이의 음반점 등 생각나는 음반 가게들이 많다. 모두 자기 나라의 음악을 자랑하듯이 내놓은 음반점이라는 공통점이 있었는데 약간 부럽기도 했다. 내가 한국에서 우리 음반만 파는 가게를 열면 어떨까?

제대로 된 음반 가게가 없는 곳에는 불법 복사판이 있었다. 페루의 한 복사판 시디점의 음반 컬렉션은 대단했다. 안데스 산맥 위의 도시 아레키파였다. 가게에 들어서니 젊은 종업원은 스탠리 댄이라는 미국 퓨전 재즈 밴드의 음악을 듣고 있었다. 세계 대중음악사의 명반들이 진열되어 있었는데, 겉보기에는 복사판인 걸 모를 정도로 품질도 좋았다. 다음 날 정작 시디를 사러 갔더니 경찰 단속이 떴다며 허둥지둥 문을 닫고 있었다. 그리고 오랫동안 휴업에 들어갔다.

어떤 곳에서는 불법음반밖에 살 수 없어서 불법음반을 샀는데, 솔직히 말해 그 재미는 쏠쏠했다. 좋은 판을 싼 가격에 여러 장 살 수 있으니 말이다. 칠레의 주말 벼룩시장에도 역시 불법 복사판을 파는 젊은 이들이 있었다. 나는 칠레의 전통음악이라는 쿠에카와 칠레 쿰비아를 들어보고 싶었는데, 그 음악을 들어볼 수 있는 방법은 불법판을 사는 수밖에 없었다. 유튜브에는 쿠에카가 없었고, 그렇다고 뭔지도 모른 채 비싼 정품을 살 수도 없었다. 불법판을 사려는데 아내가 화를 냈다. 너도 예술을 하는 작가라는 주제에 불법판을 사면 되겠느냐는 것이었다. 얼마나 크게 화를 내는지 – 아내는 인터넷에 올리겠다며 내가 불법판을 사는 모습을 사진으로 찍었다 – 아내에게 타협안을 제시해야 했다. 내가 불법판을 산 가격만큼 정품을 삼으로써 이곳 음반업계에 도움을 주기로. 그래서 칠레 음반 시장이 조금 발전했는지 모르겠다.

미국도 여러 음악이 탄생한 곳이니 이야기에서 빼놓을 수 없다. 히피의 고향 샌프란시스코에서 '제퍼슨 에어플레인'을 알게 된 것은 아주 큰 수확이었다. 시애틀에는 음악체험박물관이 있는데, 한쪽에 그곳에서 탄생한 록그룹 니르바나의 전시가 있었다. 미국은 자신들이 가지고 있는 대중음악까지 역사 안에 정리해 놓고 있었다. 하긴 그럴 만한 밴드다. 소위 언더그라운드에서 시작한 그룹 니르바나는 세계적인 성공을 거둔 후에도 언더그라운드 공연장을 떠나지 않았다.

이렇게 찾아낸 음악들 중에서 가장 멋진 자기 나라의 음악을 갖고 있는 나라는 어디일까? 우리에게 하나를 꼽으라면 단연코 칠레다. 자기의 것이라는 근거가 충분하며, 대중들이 여전히 그 음악을 좋아한다는 점에서 그렇다. 칠레의 많은 밴드들 중에 '인티 이이마니'라는 밴드가 있다. 이들은 1960년대에 대학생 밴드로 시작했다. 정치적으로 불행했던 시절 저항음악을 하기 위해 뭉쳤고, 많은 저항음악이 그렇듯 안데스의 전통음악을 이들 음악의 자산으로 삼았다. 그 전에 비올레타 파라 같은 가수들이 전통음악을 수집하고 정리해 기초를 닦아놓은 것도 칠레 음악의 힘이다.

인티 이이마니는 정치적으로 힘들던 시절 칠레 사람들에게 힘을 주었고, 그 대가로 사람들의 사랑을 받으며 지금 할아버지 밴드가 되었다. 내가 칠레에 있을 때 큰 규모의 록페스티벌이 열렸는데 세계적으로 인기 있는 그룹들이 참가하는 유명한 페스티벌이었다. 이 할아버지 밴드가 그 밴드들과 함께 무대에 섰다. 인티 이이마니는 몇 년 전 팀

내 의견 차이로 인해 두 개로 나뉘었다. '인티 이이마니'와 '인티 이이마니 히스토리코'가 그것인데, 이 또한 이들이 아직 활동하고 있다는 증거다. 최근에 낸 음반들은 전보다 더 멋지다. 음반 하나를 추천하라면, 인티 이이마니 히스토리코와 페루의 흑인 혼혈 가수 에바 아이온이 함께한 판을 들고 싶다. 유튜브에서 보고 들을 수 있다.

여행을 하며 세계 곳곳에서 만난 친구들과 음악에 대해 이야기를 종종 했다. 그때도 난 세계의 음악에 대해 지금처럼 아는 척을 해댔다. 그러다 올 것이 왔다. 한 서양 친구가 이렇게 물은 것이다.
"그럼, 한국 음악은 뭐야?"
난 한국에서 인기 절정을 달렸던 걸그룹의 노래 중에서, 그래도 잘 만들었다고 생각하는 곡을 하나 골라서 들려줬다. 그 친구는 금방 이렇게 말했다.
"뭐야 이건, 미국 음악 아냐?" /채

포르투갈 리스본의 작은 광장에서 대학생 밴드를 만났다.
포르투갈 음악인 파두의 한 축은 대학생들로부터 시작됐는데
이처럼 대학생 망토를 두르고 노래하는 것이 전통이다.

터키 이스탄불의 풍경은 신기했다고 말할 수밖에 없다.
우리로 비교해 말하자면, 명동 거리에서 통기타를 든 가수가 세타령을 부르자
지나가던 사람들이 어깨를 걸고 둥글게 모여 춤을 추기 시작했다.

여행 사진에 대하여

여행을 하는 동안, 어떤 사진을 꼭 찍어야 할 것 같은 생각에 시달리곤 했다. 예를 들어 브라질의 리우데자네이루에서는 이파네마 해변의 석양 아래서 공을 차는 아이들의 모습을 찍지 않으면 안 될 것 같았고, 미국 서부를 달리는 도중에는 황무지에 한 줄기로 뻗은 도로를 사진에 담아야만 할 것처럼 생각되었다.

어떤 도시나 장소는 특히나 강한 상투적인 이미지를 가지고 있었고, 그 이미지의 유혹은 뿌리치기 힘들었다. 나는 의식적으로 관습적인 것을 피하려고 한 편임에도 그랬다. 모든 장르의 예술은 말하기 방법에 대해 고민을 갖고 있다. 얼마나 익숙한 단어를 쓸 것이고, 얼마나 낯선 문장을 쓸 것인가. 사진은 카메라라는 기계를 사용하는 이유로 그 고민이 더 크다.

중국의 학자 위치우위는 자신의 기행문 앞부분에서 다른 학자들을 비판한다. 여행을 하고 나서 세상을 말하는 글을 쓸 때 상투적인 어휘를 사용한다는 것이다. 틀에 박힌 관습적인 단어를 사용해서 설명하는 세상은 세상에서 본 세상이 아니라 이미 알고 있는 세상일 뿐이라는 뜻이다.

여행은 원래 이미지와 밀접한 관계를 가지고 있다. 여행을 꿈꿀 때부터 우리는 어떤 이미지를 머리에 그린다. 대중매체가 전해준 흔한 이미지다. 그 그림에 어울리는 옷을 사고, 배경이 될 만한 장소를 찾아가서 사진을 찍을 때 완성되는 것은 여행 사진만이 아니라 여행 자체다. 상투적인 이미지를 반복할 것인가는 각자 선택할 문제다. 어떤 여행을 할 것인지 각자 선택해야 하는 것과 같다. 나는 여행은 낯선 세상을 만나는 일이라고 생각한다. 낯설다는 것은 말 그대로, 시각적으로 다름을 말한다. 여행 사진에는 내 여행이 담긴다. 내가 찍은 사진 중에 어디선가 본 듯한 것이 많을수록, 내 여행은 실패 쪽에 가깝다. 사진이 낯설다면 비로소 우리의 여행은 성공이라고 말할 수 있을 것이다.

좋은 사진을 쉽게 찍을 수 없는 것처럼 여행을 제대로 하기도 쉽지 않다. 맘만 먹는다고 이뤄지는 것은 아니다. 나는 사진도 여행도 아직 이루지 못했다. /채

사진은 보는 일과 밀접한 관계를 갖는다. 잘 볼 수 있으면 여행은 더 즐거워진다.
미국의 도로 풍경을 구성하는 요소들 중에 주유소를 빼놓을 수 없다.

우리가 조슈아트리 국립공원에 간 이유는
내가 좋아하는 록밴드 U2의 노래 'I Still Haven't Found What I'm Looking For' 때문이었다.
그 앨범의 표지가 이곳이다, 라고 생각했으나 나중에 확인해보니 아니었다. 괜히 갔나?

미국 자동차 여행기

북미 대륙을 자동차로 횡단해보고 싶다는 생각을 가지고 있었지만, 막상 미국에 도착해서는 어찌 할지 망설여야 했다. 우선 미국 땅이 너무 컸다. 러시아, 캐나다에 이어 세계에서 세 번째로 큰 나라다, 같은 표현 정도로는 미국 땅의 크기를 말할 수 없다고 생각한다. 이 큰 땅을 운전해서 갈 수 있을까? 게다가 배낭여행자의 예산으로는 자동차를 빌리는 값이 너무 비쌌다. 그만한 가치가 있을까? '에잇, 언제 또 이런 여행을 하랴!'

우리는 '에잇' 하며 자동차 여행을 시작했다.

여행을 시작하고 곧 알게 되었다. 미국에서 자동차는 선택 사항이 아니라 필수품이었다. 도시를 연결하는 장거리 버스는 많지 않았고, 기차는 비쌌다. 장거리 버스는 미국에서 유난히 인기가 없고 천대받고 있었는데, 미국 사람들도 왜 그런지 모르겠다고 했다. 도시에 도착해서는 더 문제였다. 대중교통을 이용해 원하는 곳에 가는 방법이 아예 없는 경우가 많았다. 관광지는 말할 것도 없고, 친구가 사는 달라스 외곽의 주택단지에조차 어떠한 버스 노선도 없었다.

미국인의 생활과 자동차의 관계를 가장 잘 보여주는 것이 '드라이브 스루' 가게들일 것이다. 자동차를 탄 채 햄버거를 주문하는 모습은 이미 유명하다. 자동차를 탄 채로 스타벅스 커피를 살 수 있고, 자동차를 탄 채로 은행 업무를 볼 수 있다.

커피를 사기 위해 줄을 서 있는 차들을 처음 봤을 때 우리는 이해할 수 없었다.

'엉덩이가 자동차에 붙었나? 잠깐 내려서 사면 되는 거 아냐? 엄청 게으르구먼.'

게다가 자동차를 상대하는 직원은 어느 매장이나 단 한 명뿐이었다. 자동차 줄은 길었다. 우리는 우리와 다른 문화를 비웃었다.

최초의 드라이브 스루 식당은 1947년에 66번 도로에서 문을 연 '레드의 거인 햄버거'였는데 지금은 없다. 우리는 현존하는 원조 드라이브 스루인 '소닉'에 경험 삼아 들어가보았다. 1953년에 문을 열었단다. 주문 창구가 안 보인다. 차를 세우고 내려서 출입문을 찾는데, 아예 실내 자리가 없다. 동양인 둘이 두리번거리고 있으니, 롤러스케이트를 탄 직원이 미끄러져 나온다. 마당에 선 채로, 원래 큰 키에 스케이트까지 신어 한참 올려 봐야 하는 직원에게 햄버거와 음료를 주문

했다. 차에서 내려 주문하러 온 우리를 보고 가게 직원들이 비웃었을
까?

우리의 여행 계획은 유명한 66번 도로를 따라 서쪽으로 가는 것이었
다. 66번 도로는 시카고와 로스앤젤레스를 연결하는 오래된 도로다.
많은 소설과 영화의 소재가 되기도 했다. 제임스 딘과 엘비스 프레슬
리의 시대, 동부와 서부를 연결하던 도로였다. 우리에게는 잭 케루악
과 에드 루샤의 도로이기도 했다. 지금은 40번 고속도로가 그 위에
새로 놓였다. 구불구불한 66번을 직선에 더 가까운 40번 도로가 대체
했다. 우리는 40번 도로를 달리다가 아직 남아 있는 66번 도로로 빠
져나가 달리곤 했는데, 어떤 곳은 옛 추억을 파는 관광지가 되었는가
하면, 어떤 곳은 폐허가 되어 있었다. 길을 잃어버린 마을들은 폐허가
되었다.

우리가 자동차 여행을 시작한 곳은 뉴올리언스였으니, 얼마간 북쪽
으로 달리다가 오클라호마시티 근처에서 66번 도로와 합류했다. 산
타페, 그랜드캐니언, 라스베이거스 등에 들렀다. 66번 도로가 끝나는
로스앤젤레스에서 다시 북쪽으로 달려 샌프란시스코까지 가는 것이
우리의 계획이었다. 기간은 약 3주.

구글 지도에 의하면 하루에 6시간에서 7시간 정도 운전을 하면 될 듯
했다. 인터넷 지도는 정말 대단하다. 내가 가야 할 길, 필요한 시간까
지 알려주었다. 데이터 통신을 이용한다면, 내비게이션 역할까지 했
다. 이런 지도의 혁명이 있나!

구글 맵이 말한 것은 6, 7시간이지만, 그건 쉬지 않고 최고 속도로 달릴 경우의 결과였다. 실제로 하루에 운전한 시간은 10시간이 넘었다. 쉬는 시간, 밥 먹는 시간, 구경하는 시간이 거기 포함되었다. 며칠 지나지 않아 우리는 지쳐버렸다. 운전이 지긋지긋해졌다. 아내와 운전을 번갈아 했지만, 쉽지 않기는 마찬가지였다. 산타페쯤에서는 둘 다 두통에 복통이 겹쳐 아무것도 구경하지 못하고 싸구려 호텔에 누워버렸다.

차창 밖의 엄청난 풍경이 없었다면 여행을 계속하지 못했을 것이다. 몇 시간째 늪지대를 달렸는가 하면, 하루 종일 황무지를 달렸고, 그다음에는 모래뿐인 붉은 사막이 나타났다. 그들 중 몇 개는 국립공원이었다. 사방에 지평선밖에 안 보이는 광야, 그 위에 한 줄로 그어진 도로를 달리는 경험은 특별한 것이었다.

그래, 일종의 선적인 경험이었다고 할 수 있겠다. 명상인 듯 느껴졌다. 운전대를 잡고 정좌하고 앉는다. 머릿속을 비운다. 아니, 생각은 절로 없어진다. 생각은 오로지 이 차의 속도다. 시속 100마일. 시속 95마일. 시속 98마일. 시속 105마일. 다시 시속 100마일… 무념무상.

조슈아트리 국립공원을 지날 때쯤 나는 자동차와 하나가 되었다. 자동차에 앉아 있는 것이 그렇게 편할 수 없었다. 엉덩이에서부터 척추까지 자동차 시트에 척 달라붙었다.

샌디에이고에 들어가기 전 우리는 은행에서 돈을 찾아야 했는데, 나

는 자연스럽게, 당연한 듯이, 언제나 그랬던 것처럼 드라이브 스루 창
구로 차를 몰았다.

'아, 이런 거였구나. 이래서 미국 사람들이 차에서 내리지 않는구나.'
우리는 그때 깨달았다.

미국의 자동차 도로는 대단하다. 모든 국립공원을 자동차를 탄 채로
구경할 수가 있다. 세코이아 국립공원은 해발 3700미터의 산 위를 올
라야 그곳에 펼쳐진 거인 나무숲을 만날 수 있는 곳이다. 우리가 메타
세쿼이아라고 알고 있는 나무인데, 이 국립공원의 나무들은 엄청 오
래되었고 엄청나게 크다. 세계에서 제일 큰 나무가 이곳에 있다고 주
장한다. 공원 입구에서 입장료를 낸 후 구불구불 두 시간 거리의 도로
를 운전해 산을 오른다. 사람들은 자동차를 타고 등산을 한다. 차를
세우고 거대한 나무를 껴안고 기념사진을 찍은 후, 다시 차를 타고 내
려간다. 우리는 차에 앉아 창밖으로 야생 곰이 풀 뜯어 먹는 모습을
보았다.

요세미티 국립공원도 해발 3000미터 정도의 산중에 있으며, 사람들
은 캠핑카를 끌고 국립공원 한복판의 계곡에 모인다. 눈 덮인 정상까
지 차를 타고 올라가는 국립공원도 있다.

그러니 자동차에 온갖 세간을 싣고 다니는 캠핑카가 미국 사람들에게
인기 없을 수 없다. 특히 텍사스 등 남부에서 캠핑카를 많이 만났다.
그중 한 대는 너무 안락한 나머지 운전을 하면서 잠을 주무셨는지, 마
주 달리던 우리 차를 지나치자마자 차선을 넘어 들어와 길을 가로질

러 황무지에 처박혔다.

3주 여행이 끝난 후 우리 차의 내부는 엉망진창이 되었다. 마치 서울의 내 방 같았다. 뭐든지 쓰고 뒷좌석으로 던져놓은 때문이었다. 3주 여행이 이런데, 캠핑카는 어떨까? 여행이 무엇인가? 일상을, 관습을, 또 자신을 버리려는 떠남인데, 집이라는 일상을, 관습을, 짐을 끌고 다니는 이유는 뭘까?

다음번에는 캠핑카 여행을 해봐야겠다. 아직도 미국이 낯설다. /채

북미 대륙을 자동차로 횡단하는 일은 고단했다.
매일 10시간 이상을 운전했는데, 창밖의 풍경이 아니었으면 불가능했을 것 같다.
우리는 "우와!" 감탄을 연발하며 황야와 사막을 달렸다.

조슈아트리 국립공원 전망대의 표지판은
우리에게 '이 그림에서 무엇이 잘못되었나?'라고 묻고 있었다.

80일간의 세계일주

우리가 전자책 리더에 담아 온 책 중에는 모든 세계일주 여행자들의 영원한 가이드북 『80일간의 세계일주』가 있었다. 어렸을 때 만화책으로 본 것이 전부여서, 이번 기회에 정독하며 한 수 가르침을 얻을 생각이었다. 역시 유난히 맘에 와 닿는 구절이 있다. 포그 일행이 미국을 건너가던 중 기차는 유타를 지난다. 유타에서 한 모르몬교도가 헐레벌떡 기차에 올라타는데, 그는 부인과 싸우고 도망치는 중이었다.

… 이 모르몬교도가 한숨을 돌리자 파스파르투는 대담하게도 그에게 부인이 몇 명인지, 아니면 독신인지를 정중히 물었다. 도망쳐 나온 걸로 보아 적어도 부인이 한 20여 명은

될 거라 생각했던 것이다.

"한 명이오."

그 모르몬교도는 하늘로 팔을 치켜들며 답했다.

"한 명으로도 지긋지긋하다고요!" /채

─────── # 인디언과의 대화

　　모뉴먼트 밸리로 가는 길이었다. 황량한 들판 멀리서 우뚝 선 간판이 다가온다. 카지노와 트래블 센터라는 안내판이 사막에 서 있다. 아무 정보라도 얻어볼까 싶어 주차장에 차를 세우고 들어갔다. 인디언 할머니 한 분이 낡은 소형차에서 내리더니 우리를 앞서 건물로 들어갔다. 편의점이 하나 있고, 바로 옆에 카지노가 있다. 온통 인디언 아줌마 아저씨들이 카지노 기계 앞에 앉아 있다. 건물에 들어오기 전 간판만 봤을 때 나는, 이 지역이 관광지여서 관광객을 대상으로 한 카지노가 세워진 줄 알았다. 실제로는 근처에 살고 있는 인디언들을 상대로 하는 카지노였다.

　　인디언은 북아메리카에서 가장 가난한 그룹이라는 통계가 있다. 인디언의 실업률은 50퍼센트에 이른다. 매일 술에 빠져 있는 것을 막기 위해 인디언 보호구역 안에서는 술을 팔지 않는단다. 그 결과 구역 밖에 나가서 술을 마시고 돌아오는 인디언들이 음주운전으로 교통사고를 낸다. 지금은 도박이 문제라고 한다.

카지노가 있던 곳은 아파치족 인디언 보호구역이었다. 그곳에서 조금 떨어진 모뉴먼트 밸리는 나바호족 인디언의 신성한 땅이다. 몇 번의 강제 이주를 당한 나바호족 인디언들은 마지막 선택의 기회가 주어졌을 때, 아무것도 없는 모뉴먼트 밸리의 사막을 택했다. 자신들의 고향이기 때문이다. 아무것도, 심지어는 도로도 없기 때문에 이곳은 옛날 영화의 배경으로 자주 등장한다. 모뉴먼트 밸리의 공원 안을 구경하고 나오는데 해가 저문다. 인디언들이 집으로 가기 위해 공원으로 들어간다.

북미 인디언의 뿌리 깊은 문화에 대해 여러 가지 이야기를 들어온 터라 그들의 전통 문화를 보고 싶었다. 이것저것 알아봤으나 쉽게 찾을 수 없었다. 관광객용 공연도 없다. 나바호 인디언 박물관이라는 것을 하나 찾았다. 작은 강당만 한 크기의 단칸 박물관이다. 건물 앞 벤치에 두 명의 아저씨가 앉아 있다. 우리를 보곤 어디서 왔느냐 어디로 가느냐 몇 마디 묻더니 돈이 있으면 조금 달란다. 햄버거를 사 먹고 싶다고 했다. 이렇게 비참한 대화를 나눈 것은 이곳이 유일했다. 어쩌다 한 번 있는 일을 우연히 여기서 만난 걸까?

나바호 인디언은 독특한 언어 체계를 가지고 있는 종족이다. 2차 대전 중에 이들의 언어가 암호로 쓰였다. 인디언들은 전장에서 암호병으로 활약했다. 그 이야기가 〈윈드 토커〉라는 영화로 만들어졌다. 맥도널드 햄버거 가게에 영화의 내용이 장식품으로 쓰이고 있었다. 북미 인디언을 제대로 만나지 못한 것이 이번 여행에서 가장 아쉬운 점들 중 하나다. /채

66번 도로를 달리다 들른 휴게소 겸 식당들은
옛 추억을 북돋우는 이런 장식들을 가지고 있었다.
순록의 머리와 함께 멕시코 사람, 인디언이 장식품으로 놓여 있다.

재즈는 위로한다

뉴올리언스 관광의 중심은 '프렌치 쿼터', 즉 옛 프랑스 구역이다. 그곳 거리에서 재즈를 연주하는 흑인 청년들을 보았다. 청바지와 티셔츠 차림의 청년들은 찌그러진 악기를 들고 연주를 하고 있었다. 모두 관악기였다. 튜바 두 개가 베이스 라인을 연주하고 그 위에 트럼본과 트럼펫이 선율을 쌓아올렸다. 자기 순서가 되면 돌아가며 즉흥연주를 한다. 아주 제법이다. 골목에서 족구나 할 것 같은 차림인데, 실력이 보통이 아니다.

우리는 남미의 여러 나라를 여행하는 동안 어느 음악도 처음부터 그 나라의 것이 아니었음을 보았다. 여기저기서 온 것이 이리저리 섞여서 자기 것이 되었다. 살사, 룸바, 삼바, 탱고가 모두 그랬다. 재즈 역시 그렇다. 흑인 노예들이 가져온 리듬과 유럽인들이 가져온 선율이 섞었다.

아마, 남미의 경험이 아니었다면 재즈가 그렇게 보이지 않았을 게다. 재즈는 너무 오랫동안 미국의 음악으로 알려져 있었다. 나는 오래전 부터 재즈를 좋아했고, 당연히 미국의 음악이라고만 생각하고 있었 다. 남미를 먼저 보고 온 덕분에 재즈 역시 흑인 노예들의 음악에서 시작했다는 생각을 분명하게 할 수 있었다.

오래전 뉴올리언스를 둘러싼 목화밭에서 일하던 노예들이 블루스를 불렀다. 남미와의 차이라면 미국의 백인 주인들은 흑인들이 북을 두 드리는 것을 허용하지 않았다. 미국의 흑인 노예들이 북을 두드렸다 면 재즈의 역사는 달라졌을 것이다. 흑인들은 선율 악기를 연주했다. 음악은 점점 재즈의 모양을 갖춰갔다. 지금 뒤섞여 만들어진 음악들 을 비교해보자면, 뭐니 뭐니 해도 재즈가 최고라고 생각한다.

흑인 청년들의 즉흥연주를 들으며 재즈의 처음을 생각해본다. 재즈 역시 자신들을 위로하기 위한 음악이었음을 생각한다. 모두에게 위 로가 필요한 때였다.

우리는 며칠째 한국에서 들려오는 뉴스에 귀를 기울이고 있다. 아이 들이 배에서 구출되었다는 뉴스를 기다리고 있다. /채

뉴올리언스의 공원에서 흑인 젊은이들이 재즈를 연주했다.
돌아가면서 하드밥 스타일의 솔로를 즉흥으로 연주한다.
전체의 리듬이 탄탄하니 솔로의 변주가 그 위에서 자유롭게 놀 수 있다.

아폴로 13호

"Houston, we got a problem⋯."

얼마나 많은 분들이 이 말을 알고 계신지는 모르겠으나, 이 말은 영화에도 나온 유명한 말이다. 이 말은, 달 탐사를 위해 발사된 아폴로 13호의 우주비행사 제임스 러벨이 우주선에 이상을 느끼고 휴스턴의 나사 본부와 통화한 내용이다.

미국은 달 탐사를 위한 아폴로 우주선을 모두 일곱 번 쏘아 올렸는데 여섯 번 성공했고 한 번 실패했다. 그 한 번이 아폴로 13호다. 하지만 이것도 나름 성공이라고 평가하고 있다. 우주선에 이상이 있어 달에 착륙하지 못했지만, 그 비상상황에 적절하게 대처해 우주비행사들을 지구로 안전하게 귀환시켰기 때문이다.

당시 나사에는 냉장고 크기만 한 최신형 컴퓨터가 한 대 있었는데, 그

컴퓨터의 용량은 2메가였다. 2기가도 아니고 2메가. 요즘 웬만한 사진 파일 하나의 크기다. 나사는 MIT 공과대학 출신 네 명을 계산 담당으로 두었다. 모든 계산을 이들 네 명이 동시에 했고, 이들이 낸 네 개의 답이 모두 같을 때 그 결과를 채택했다.

휴스턴의 나사를 방문한 우리는 아폴로 13호의 귀환 이야기를 들으며 한국 생각을 했다. 세월호 사고 때문이다. 2메가의 컴퓨터를 가지고도 달에 갈 수 있었다. 안전과 책임의 문제는 장비나 기술력의 문제가 아니다. 한국 사회 안에서 곪고 있던 것이 터져버렸다. /채

─────── 숙소 이야기

　　　　　우리가 이번 여행 중에 제일 많이 사용한 숙소는 호스텔의 도미토리였다. 가장 큰 장점은 역시 가격이다. 방 하나에 4개에서 6개, 8개 혹은 12개까지 침대가 있고, 그 침대 중 두 개를 우리가 사용하는 것이다. 여러 명이 방을 같이 사용할수록 값이 싸진다. 단, 침대 숫자가 늘어날수록 바보 같은 놈들과 함께 지낼 가능성도 커진다는 게 단점이다.

우리가 경험한 세계의 숙소들을 비교해보면, '싼 게 비지떡'이라는 표현은 맞지 않는다. 남미는 우리의 예상을 훨씬 뛰어넘어서 여행하기 좋은 인프라스트럭처 - 우리말로 뭐라 해야 할까? 기반? 구조? - 를 가지고 있었다. 그 깨끗하고 아늑한 숙소가 지금도 그립다.

우리가 경험한 호스텔 중에서 최고로 황당했던 곳은 그토록 세련된

나라 덴마크 코펜하겐의 한 숙소였다. '퍼블릭 호스텔'이라는 이름이
붙은 그 숙소는 아마도 진정 가난한 여행자 혹은 잠자리가 절실한 시
민들을 위해 마련된 듯했다. 일종의 복지기관이 아니었을까? 북유럽
의 비싼 물가 공세를 피해 우리도 그곳으로 갔다. 다행히 대부분의 투
숙객들은 세계 각국으로부터 온 배낭여행자들이었는데, 이따금 밤늦
게 잠자리가 절실한 덴마크 사람들도 숙소로 들어왔다.

그 호스텔에는 무려 66인용 방이 있었는데, 이전에 체육관으로 사용
되던 공간이었다. 거기에 2층 침대를 늘어놓으니 모양새는 딱 난민
수용소였다. 우리가 사용한 방은 그 호스텔에서 그래도 비싼 편이었
던 12인실이었는데 방 형편은 딱히 더 나을 것이 없었다. 어두컴컴한
방에 푹 꺼진 침대 스프링 꼴이라니.

진짜 문제는 이 호스텔에서는 침대보와 베개가 선택 사항이라는 점
이었다. 필요한 사람만 돈을 더 내고 침대보와 베개를 빌려 사용했다.
정말 돈이 없었는지, 귀찮았는지 많은 서양인들이 침대보를 깔지 않
고 매트리스 위에서 잠을 잤다.

누가 자고 갔는지 모를 침대에서는 노숙자 냄새가 났다. 우리는 침대
보를 받아 깔았지만, 매트리스에 밴 냄새를 가릴 수는 없었다. 내 아
내는 특히 냄새에 민감한 편인데, 이때 코감기에 걸려 있던 것이 천만
다행이었다.

방을 같이 쓰는 사람 수가 많아진다고 그만큼 더 불결해지는 것은 아
니다. 하지만 방을 같이 쓰는 사람 수가 많아질수록 문제의 룸메이트

를 만날 확률은 커진다. 딱 하나만 얘기하자면, 브라질 살바도르의 10인실이 대표적인 예다. 사실 아주 유난한 경우였다. 한밤중에 아내는 물 떨어지는 소리에 잠을 깼다. 비가 오는 줄 알았다. 그런데 방 한가운데 시커먼 것이 있어서 보니, 누군가 서서 오줌을 싸고 있더란다. 아내는 비명을 질렀다. 마침 딱 그 순간 방으로 들어온 다른 아이들이 사태를 수습했다. 원인은 몽유병이었다. 그 일의 주인공은 지난밤의 일을 전혀 기억하지 못했다. 우리의 이야기를 들은 후 본인이 더 크게 충격을 받은 것 같았다.

나는 그때 뭐 했느냐고? 2층 침대 위에서 뛰어내려 이단 옆차기를 날리기에는 너무 늦은 후였다. 비명을 듣고 잠이 깼는데, 여러 사람들이 뭔가 하고 있기에 그냥 잤다.

호스텔 다음으로 많이 사용한 숙소는 민박이다. 민박이라면 역시 쿠바의 민박을 빼놓을 수 없다. 쿠바 정부는 나라에 부족한 호텔 시설 대신, 국민들에게 민박을 권유하고 있다. 간혹 화장실 변기에 엉덩이 받침이 없는 경우도 있었지만 사람들은 자기가 가진 최고의 방에 손님을 맞았다. 민박은 무엇보다 그 지역 사람들과 이야기를 할 수 있어서 좋았다. 우리 집 주인 중에는 화가도 있었고, 학교 선생님도 있었다.

쿠바의 산타클라라는 체 게바라와 혁명군의 진격 기지로 유명한 도시다. 그곳에서 우리가 찾아낸 민박집은 개업한 지 얼마 안 되는 집이었다. 우리는 하루 숙박비 2만 5000원을 2만 원으로 깎는 대신, 아침을 그 집에서 먹기로 했다. 5000원을 아침 값으로 내니 다시 2만 5000원이 되었다. 다음 날 아침 우리는 상다리가 부러지도록 차려진 식사를 보고 깜짝 놀랐다. 그 댁 남편이 좋아해서 냉장 창고에 보관해놓았다는 희귀한 과일까지 전부 꺼내 놓았다. 이 주인 가족은 민박을 처음 시작하면서 이렇게 식사를 제공하면 정부 몰래 돈을 더 벌 수 있다는 이야기를 들은 것이 분명했다. 그런데 이들에게 5000원은 너무 큰돈이었고, 어느 정도로 아침 식사를 차려야 할지 전혀 감을 잡지 못하는 것 같았다. 그럴 수밖에 없는 것이 쿠바 의사의 한 달 월급이 2만 원이고, 거리의 햄버거 하나가 400원이다. 우리는 이 주인 내외와 의기투합하여 이들의 민박업을 컨설팅해주고, 쿠바의 자본주의화와 관광산업의 발전에 대해 토론했다.

크로아티아에서는 버스터미널에서 자기 집 사진을 들고 손님을 찾는 할머니를 따라갔다. 할머니 혼자 사는 아파트의 방 하나를 얻었다. 결국 며칠 동안 할머니와 함께 한집에 사는 모양새였는데, 아침 점심 저녁을 같이 해 먹으면서 수다도 많이 떨었다. 영어를 못하는 할머니와 무슨 이야기를 그렇게 할 수 있었을까? 그게 여행의 마술이다.

숙소에서 만난 사람들 이야기를 다 하자면, 며칠 밤을 새워도 모자랄 것 같다. 서커스단을 이끌고 있는 대만 청년 알렌에게서 우리는 저글링을 배우기도 했다. 그는 우리에게 오렌지 세 개를 사오라고 했는데, 오렌지가 너무 비싸서 자몽 세 개를 사 갔다. 아이슬란드에서였다. 자몽은 너무 커서 저글링을 하기가 쉽지 않았다.

미국에서 자동차 여행을 하는 동안에는 모텔을 이용했다. 도시 외곽에 싸구려 모텔들이 있었다. 한 체인형 모텔의 입구에 'Life On The Road Got Easier'라는 문구가 붙어 있다. 오, 예! 이 모텔에서 한 부부가 서로 죽일 듯 싸우는 바람에 경찰이 출동하기도 했다. 아, 다행히 우리 부부는 아니었다.

미국 모텔들을 생각하면 지독한 소독약 냄새가 아직도 코를 찌른다. 미국 여행 중 읽은 신문에는 모텔뿐 아니라 호텔들까지도 벼룩과 빈대 비상이 걸렸다는 특집 기사가 큼지막하게 실렸다. 그 때문에 소독약을 심하게 뿌려댔다. 방에서 화장실 소독약 냄새가 났다. 미국 모텔 사장님들! 그 방바닥의 카펫부터 먼저 걷어치우시면 안 될까요?

그럼에도 나는 미국의 어느 숙소, 그것도 대도시의 모텔에서 벌레에 잔뜩 물리고 말았다. 우리가 상상할 수 있는 것은 빈대였는데, 이상하게 반팔 반바지의 노출 부위를 잔뜩 물었다. 가지고 있던 벌레 물린 데 바르는 약은 소용이 없었다. 퉁퉁 부어올라 벌겋게 변하더니 저절로 진물이 나올 정도였다. 약국의 약사들이 보더니 '오, 마이 갓!' 하며 자기네 하느님을 찾았다. 도대체 무슨 벌레였는지 아직도 궁금하다.

그 직후 하룻밤 친구 집에서 신세를 질 일이 있었는데, 우리는 그 집에 벌레가 옮겨 갈까 봐 전전긍긍했다. 짐은 전부 차에 두고 밖에서 옷을 다 벗고 집 안으로 들어가 샤워를 먼저 해야 한다고 생각했으나, 동방예의지국의 사람들이 옷을 벗고 남의 집을 방문하는 것은 예가 아니라는 아내의 말에 옷은 입고 들어갔다.

모텔에서의 아침 식사도 대단한 체험이었다. 미국 모텔들이 내준 아침 식사는 뭐랄까, 정신적인 빈곤함을 보여주는 최고의 예라고 할 수 있겠다. 일회용 접시에 싸구려 토스트 빵을 담고 일회용 버터와 잼을 발라 먹었는데, 플라스틱 포장에 잼이 아니라 '제리'라고 쓰여 있다. 균일하게 반투명하고 탄력 있는 덩어리가 빵 위에서 미끄러지는 느낌은 희귀한 경험이다(이렇게 쓰고 보니, 이란의 아침 식사가 그리워진다. 동네 골목마다 얇은 빵 '넌'을 굽는 집이 있다. 엄마 심부름을 온 아이들이 한 아름씩 넌을 안고 집으로 간다. 방금 구운 넌에 꿀을 바르고 염소 치즈를 얹어 먹는다. 잼에서는 포도나 무화과 덩어리가 씹힌다. 여기에 설탕을 잔뜩 넣은 홍차와 삶은 계란을 곁들인다. 나는 한 달 내내 이렇게 먹어도 질리지 않았다).

여행을 하면서 한동안 숙소 찾는 일은 스트레스였다. 매번 새 방문을 열고 들어갈 때마다 이번에는 어떤 방일까 조마조마했다. 비명을 지르기도 하고, 안도의 한숨을 쉬기도 했다. 그러는 과정을 반복하면서 우리가 어떤 방을 원하는지가 점점 분명해졌다. 우리의 소망은 단순했다. 깨끗한 방에 단단한 매트리스, 그리고 바람 잘 통하고 햇볕 잘 드는 창문만 하나 있으면 최고였다. 작은 테이블이 하나 있으면 아주 편했고, 발코니에 빨래를 널 수 있으면 말 그대로 행복해하면서 며칠을 보냈다. /채

미국의 한 모텔 체인점의 아침 식당이다.
벽에는 이상적인 식탁의 모습을 담은 그림이 걸려 있지만,
실제로 마련된 것은 일회용 종이 그릇에 받아먹는 시리얼과 젤리를 발라 먹는 토스트였다.

시애틀 호스텔의 침대 이층에서 잠을 깨고 사다리를 내려오다가 깜짝 놀랐다.
아래 칸에 잘생긴 백인 남자 둘이 발가벗고 누워 있었다.
금발 머리를 멋지게 빗어 넘긴 젊은 애들이 날 올려보며 '굿 모닝!' 인사를 했다.

————— 히피의 서점

히피의 고향 샌프란시스코에 진짜 히피의 고향이라고
알려진 거리가 있다. 헤이트 애시버리 거리다. 1960년대 비트 문학가
들과 사이키델릭 음악가들이 모여 지내던 집들이 거기에 있었다. 지
금은 관광객을 상대하는 기념품점과 옷 가게, 문신 가게, 술집들이 가
득 차 있다. 차이나타운에 파묻혀가고 있는 잭 케루악 길과 시티라이
트 서점보다는 사정이 낫다고 해야 할까.

그 거리에 아나키스트 서점이 있다. 샌프란시스코와 시애틀에서 '히
피'만큼 자주 눈에 띄는 단어가 '아나키즘'이었다. 아나키즘은 히피즘
의 대선배다. 예전에는 아나키즘을 무정부주의라고 번역해 말했지
만, 요즘 아나키즘의 양상은 그 번역이 그다지 어울리지 않는다. 훨씬
부드럽게 변했다. 하지만 개인의 자유와 연대를 중요하게 생각하고,

권위와 강제에 반대한다는 생각은 오랫동안 이어져 왔다.

아나키스트 서점을 둘러보는데, 한쪽 서가에 이런 쪽지가 붙어 있었다.

"우리는 모두 자원봉사자다. 보수를 받지 않고 일한다. 책 훔쳐 가지 마라."

젊은 직원들은 이런 종류의 서점을 지키기 위해 자원봉사로 일을 한다고 했다. 아나키즘이 현실적인 사회운동임을 보여주는 모습이었다.

샌프란시스코 곳곳에서 만난, 허를 찌르는 가게들은 우리의 인상에 깊이 남았다. 우리는 직원에게 '저, 여기 뭐하는 곳이에요?'라고 물어야 했다. 그중 하나는 어린이들의 놀이와 교육을 위한 곳이었다. 히피와 아나키스트의 후예들이 아니었을까. /채

시애틀의 아나키즘 서점에는 구글 글라스를 금지한다는 표지판이 붙어 있기도 했다.
구글 글라스로 사진 촬영을 하므로 서점의 재산을 지킨다는 실제적인 의미도 있겠지만,
인간의 눈을 권력이 대체하는 것에 반대한다는 아나키스트적인 설명이 붙어 있었다.

뉴욕 센트럴 파크에 봄이 오고 있었다. 사람들이 공원으로 나왔다.
우리는 노점 트레일러에서 닭고기 볶음밥과 커피를 사다가 벚꽃 아래서 먹었다.

샌디에이고 동물원에 엄마 아빠를 따라 나온 아이들이
풍선 인형을 사 달라고 조르고 있었다.

샌프란시스코에서 버스를 타는 일은 흥미로웠다.
동전을 내면 버스 운전사가 종이 승차권을 '쩌억' 하고 잘라 주는데,
승차권의 길이에 따라 언제까지 사용할 수 있는지가 결정되었다.
승차권 길이는 운전사 마음인 듯했다.

03
세 번째 대륙

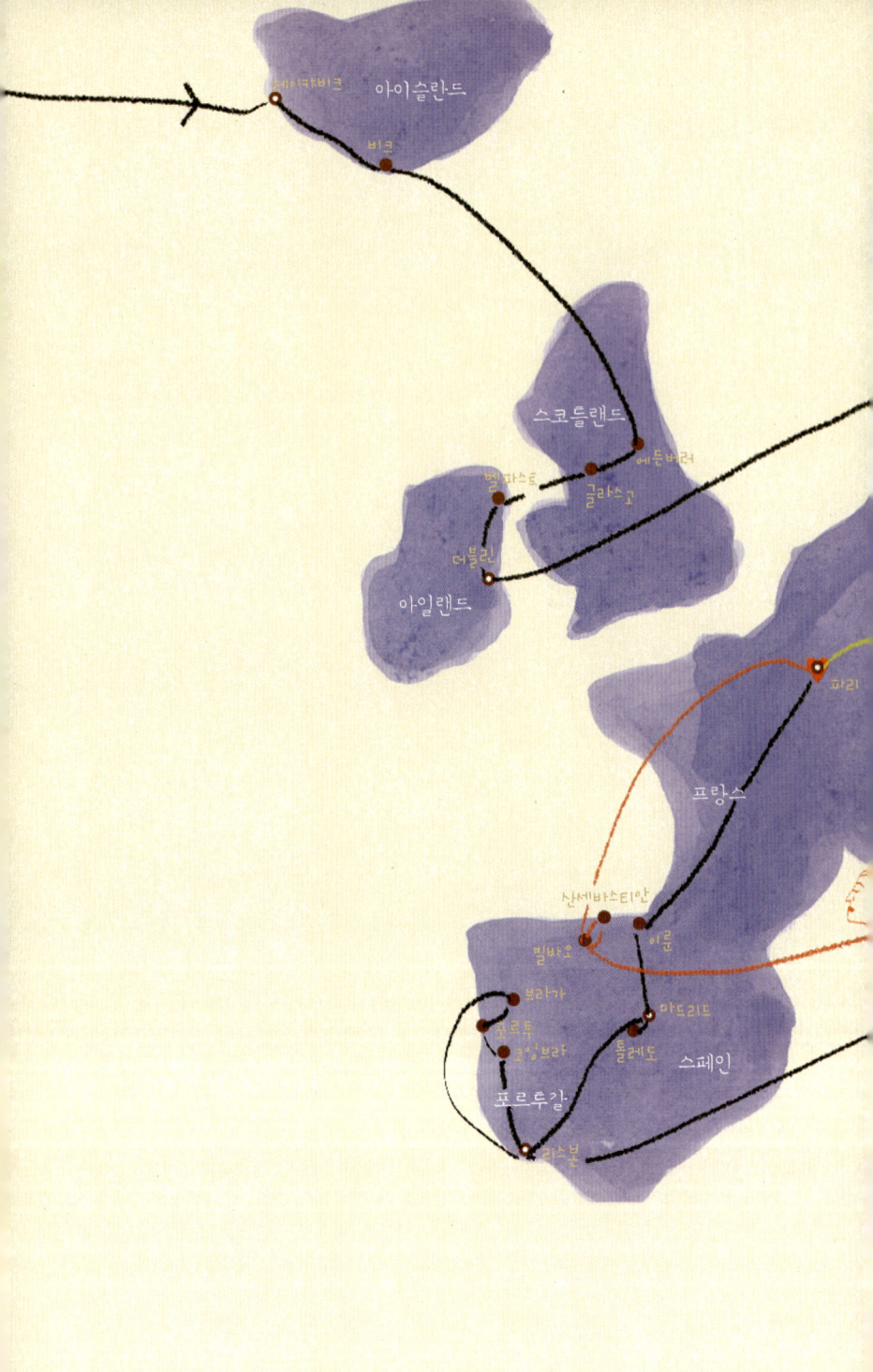

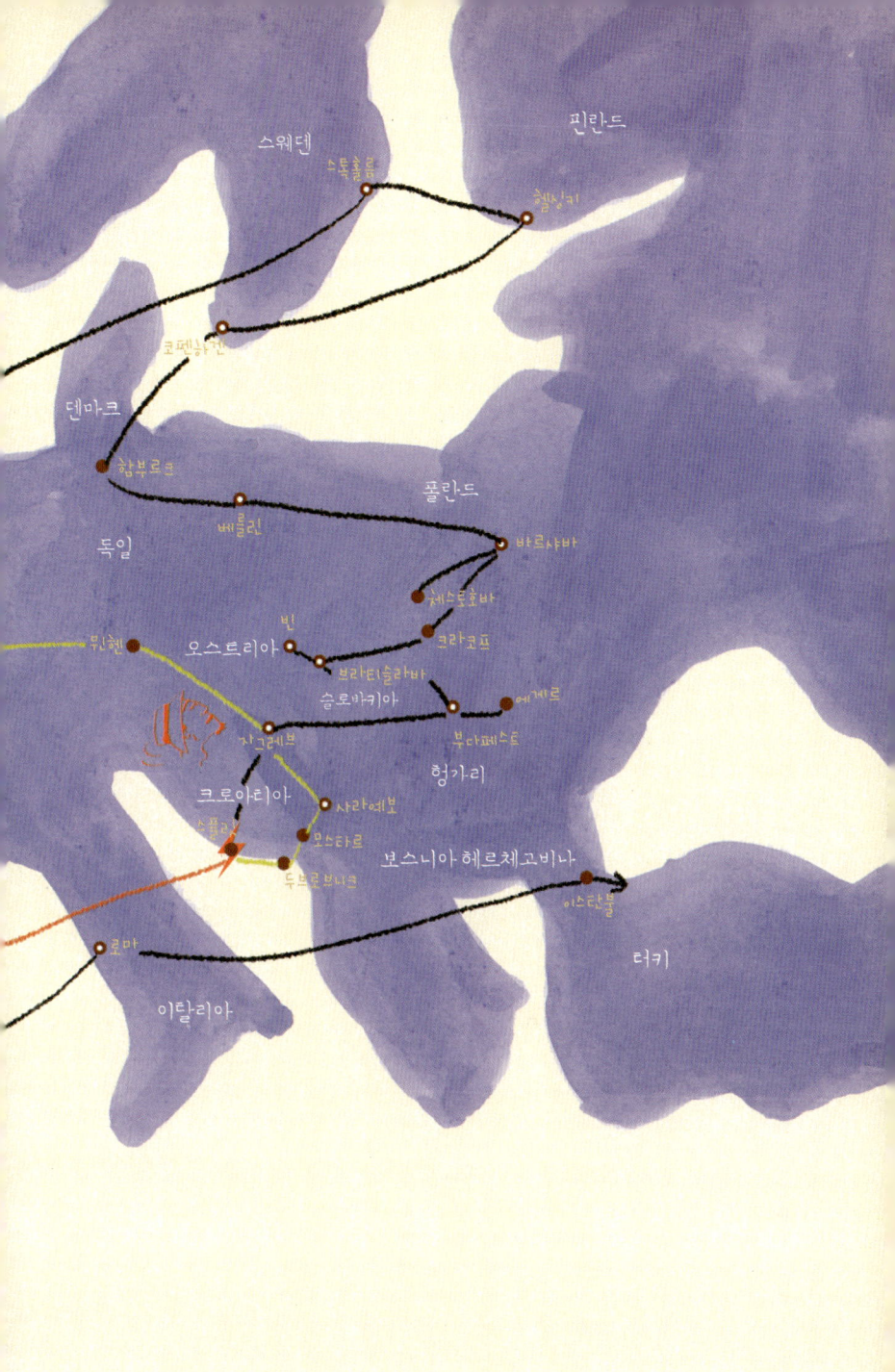

——————— 아이슬란드에서
바보가 되지 마세요

'아이슬란드에서 바보가 되지 마세요.'

아이슬란드의 수도 레이캬비크의 중심가 곳곳에는 이렇게 적힌 포스터가 붙어 있었다. 관광객을 속이는 상술에 반대하는 어떤 단체가 붙였을 듯했다. 바가지 쓰고 돈 잃는 일만 기분 나쁜 게 아니다. 그보다 더 한심한 일은 관광지의 거짓에 속는 일이다. 아이슬란드 거리의 포스터는 그런 바보가 되지 말라고 하고 있었다.

포스터에는 몇 가지 내용이 있었다. 그 하나는 상점에서 파는 생수가 수돗물과 똑같은 꼭지에서 받은 것이라며, 수돗물을 마시라고 쓰여 있었다. 정말? 며칠 전 이곳에 도착해 동네 편의점에서 1.5리터짜리 물 하나를 4000원이나 주고 샀다.

'역시 아이슬란드 물가가 비싸군. 제대로 경험했어.'

이렇게 생각하며 좋아하기까지 했다. 수도꼭지를 틀자 정말 얼음처럼 차고 맑은 물이 나왔다. 스테인리스 수도꼭지에는 이슬방울이 송골송골 맺혀 있다. 산

위의 눈과 얼음이 녹아내린 물이다. 반대쪽 꼭지에서는 뜨거운 물이 콸콸 나왔는데, 이 역시 자연산이었다. 화산 열로 데워진 물이 집집마다 배달되는 것이다.

다른 포스터에는 '기념품점에서 파는 물건들이 아이슬란드산이 아니다. 중국산이 많으니 상표를 확인하라'는 내용이 있었다. 또 '아이슬란드에서는 일반 상점에서 알코올을 팔 수 없다. 술이라고 팔지만 속을 수 있다'는 내용도 있었다.

북극곰에 대한 것도 있었다. 기념품 가게 앞마다 흰 곰 인형을 세워놓고 손님을 끌거나 곰 인형을 진열대에 놓고 팔고 있었는데, 포스터는 '아이슬란드에는 북극곰이 없다. 가끔 그린란드에서 떠내려오기도 했지만, 우리가 모두 잡아먹었다'라고 말했다. 아, 세상 곳곳의 관광객들이여, 바보가 되지 말사.

아이슬란드는 관광 비용이 비싸기로 유명하다. 관광객들이 돈을 쓸 수밖에 없는 가장 큰 이유는 유명한 관광지를 방문하는 대중교통이 없기 때문이다. 유일한 방법은 현지 여행사들이 만들어놓은 투어를 이용하는 것이다. 여기저기 흩어져 있는 관광지를 도는 하루 투어의

비용이 한 사람당 20만 원 정도
였다. 우리는 계산기를 열심히
두드려본 결과, 자동차를 한 대
빌리기로 했다. 더 알뜰한 배낭
족들은 여러 명이 함께 차를 빌
려 비용을 나누었다.

렌터카 회사에 차를 찾으러 가니, 앳돼 보이는 젊은 직원이 이것저것
서류를 작성하라고 내밀었다. 보험이 있었다.

"여기 아이슬란드에서는 화산재 폭풍이 가끔 부는데, 자동차 도색이
모두 벗겨질 정도야. 보험을 미리 들어두는 게 좋은데, 어쩔래?"

그러면서 무시무시한 사진을 한 장 보여주었다. 자동차 한쪽을 샌드
페이퍼로 갈아놓은 듯했다. 우리는 화산재 보험을 들었다. 또 그 직원
이 말했다.

"여기는 길에 자갈이 많아서 다른 차에서 튀는 돌이 유리창을 다치게
하는데, 유리창 수리비 보험은 따로 있어. 오늘 어느 쪽으로 가? 남쪽?
어머, 그쪽이 특히 위험한데, 어떻게 할래?"

우리는 렌터카 사무실에서 바보가 되고 말았다.

내 와이프의 꿈의 여행지였다는 '블루 라군'에 대해서도 정확히 알 필
요가 있다. 이곳은 오래전부터 지열발전을 하고 식은 물을 버리던 웅
덩이였다. 지금도 옆에는 발전소가 있다. 언젠가부터 그 미지근한 물
에 약효가 있다고 믿는 사람들이 몰렸고, 최근에 한 회사가 이곳을 리

조트로 개발했다. 그러곤 '블루 라군'이라는 이름을 붙였다. 블루는 맞지만 '라군'은 아니다. 라군이란 바다나 강에서 저절로 떨어져 나온 호수를 말한다. 우리나라에는 경포호가 라군이다. 아마도 어린 브룩 쉴즈가 출연한 영화 〈블루 라군〉이 작명에 영향을 준 듯하다.

그래서 아이슬란드 여행이 별로였냐고? 천만에. 화산재와 얼음으로 덮인 아이슬란드의 쓸쓸한 풍경은 우리를 순식간에 매혹시켰다. 황무지도 그런 황무지를 본 적이 없었다. 아시다시피 우리 부부는 아이슬란드에 오기 직전 북미 대륙을 차로 횡단했다. 그랜드캐니언과 데스밸리를 포함하는 황량한 사막을 통과했고, 사막이 아니더라도 미국 서부의 벌판은 황량하기 그지없었다. 지겹도록 그 황량함을 즐겼다. 그런 우리에게도 아이슬란드의 황무지는 놀라운 곳이었다. '여기가 지구 위의 땅이 맞을까?' 싶었다.

『80일간의 세계일주』로 유명한 19세기 말의 소설가 쥘 베른은 그 책 외에도 여러 편의 여행 소설을 썼다. 『15소년 표류기』도 그의 작품이고, 『해저 2만 리』도 그의 작품이다. 또 그는 『지구 속 여행』이라는 책도 썼다. 탐험가들이 잠수함처럼 생긴 배를 타고 땅속으로 들어간다는 설정이다. 그 이야기에서 탐험가들은 화산의 분화구를 통해 땅속으로 들어가는데, 그 화산이 이곳 아이슬란드에 있다.

아이슬란드의 풍경을 보고 우리는 쥘 베른이 왜 이곳을 소설의 배경으로 삼았는지 금방 이해할 수 있었다. 지구에 껍데기가 있어서 — 실제로 우리는 지구의 얇은 껍데기 위에 살고 있다 — 그 껍데기가 뒤집

한다면 바로 이런 모양일 듯했다. 아이슬란드의 땅은 땅속에서 솟아오른 용암과 화산재로 뒤덮여 있다. 멀리 초록색이 보인다 싶어 가까이 가 보면 온통 이끼에 덮인 벌판이었다.

황량함은 아름답다. 아마도 아름답다라는 감정 안에는 대상에 대한 두려움이 포함되기 때문일 것이다. 마치 중세의 성당과 같다. 하늘 쪽으로 뻗어 있는 고딕 성당들은 보는 사람에게 아름다움을 느끼게 함과 동시에 신을 두려워하라고 말한다. 아이슬란드의 황무지는 그런 곳이었다.

우리는 시차 적응 때문에 아이슬란드의 첫 이틀을 허무하게 보냈다. 우리가 미국에서 탄 비행기는 오후 6시쯤 출발해 6시간쯤을 날았는데, 한잠도 못 자고 도착해보니 아이슬란드는 아침 6시였다. 이런 시간의 장난이 있나! 세 번째 날부터 아이슬란드 여행을 시작했다. 섬의 가장자리를 따라 도는 1번 고속도로를 따라 남쪽으로 가기로 했다.

적당한 곳에서 차를 돌려 다시 수도 레이캬비크의 숙소로 돌아오는 것이 계획이었는데, 우리는 오후 7시가 넘도록 차를 돌리지 못하고 있었다. 차창 밖의 풍경이 우리를 놓아주지 않았다. 결국 우리는 이날 밤 12시가 다 되어 숙소로 돌아왔다. 밤 12시인데도 아직 빛이 있었다. 백야다. 어두운 것은 아니지만 밝다라고도 말하기는 힘든 희미한 빛이 사방에 있었다.

이날 빼놓을 수 없는 경험 하나는 빙하 위를 걸은 것이다. 빙하란 아주 오랜 시간에 걸쳐 만들어진 얼음덩어리가 산 위로부터 천천히 흘러내리는 얼음의 강이다. 흘러내린다고 해봤자, 일 년에 몇 센티미터를 움직인다. 그게 강이냐고? 글쎄 말이다. 그런데 그 강이 수천 년 동안 흘러 산을 깎고 계곡을 만든다.

1번 도로에서 4킬로미터 정도만 들어가면 빙하의 한쪽 끝에 닿을 수 있다. 도로를 벗어나자 곧 비포장 길이 나타났다. 빗줄기가 조금씩 세졌다. 검은 흙길에 검은 물웅덩이가 생겼다. 컨테이너로 만든 휴게소가 하나 있고, 그 앞에 차들이 서 있다. 거기서부터는 걸었다. 조금 걸으니 물 위에 떠 있는 얼음덩어리들이 보이고, 안개 너머 거대한 얼음 절벽이 나타났다. 검은 땅과 하얀 얼음, 회색빛 비와 호수. 세상이 흑백의 수묵화처럼 보인다.

여행에서 즐거운 순간은 낯선 곳에 도착했을 때다. 낯선 곳이란 말 그대로, 시각적으로 다른 곳이다. 파란 물과 차가운 공기가 만나 수증기가 피어오르던 블루 라군과 녹색 이끼가 덮인 흉측한 검은 들판, 수묵화처럼 보이던 빙하…. 아이슬란드는 우리에게 낯선 풍경의 종합선물세트였다. /채

아이슬란드 수도 레이캬비크 중심가의 모습이다.
대체로 이렇다.

날이 맑을 때는 어떤 모습일지 모르겠다.
구름에 잠긴 듯 비가 내리던 이날, 우리는 빙하 위를 걷는 동안
색이 허용되지 않는 다른 세계 속에 들어와 있는 듯했다.

여행과 돈

"돈이 있으면 어디서나 똑같이 살게 되지. 돈이 없으면 그 땅에 맞춰 살게 되니까…."

좀 우습지만, 언젠가 일본 만화에서 본 한 구절에 감동을 받아 적어 놓았었다. 여행을 하면서 자주 생각했다. 특히 아내랑 돈 문제로 다툴 때.

아내에게는 '여행과 관광의 차이가 뭐라고 생각하느냐? 우리는 여행을 해야지 관광을 하면 안 되는 거 아니냐?'라면서, 말을 좀 더 돌려가면서 말다툼을 했다. 진짜 하고 싶었던 말이 뭐냐고? 하하, 말하면 안 된다.

그래도 우리 부부는 자칫 방심하면 어떤 나라를 가도 비슷비슷한 여행을 하게 될 수 있음과 그것이 옳지 않다는 것에 대해서는 큰 틀에서 합의를 하고 있었다. 나는 거기에 더해, 돈을 아끼면 아낄수록 그 땅에 맞춰 살 수 있다는 가설을 아내에게 증명해 보이고 싶었다. 예를 들면 영국 글라스고의 숙소가 그랬다.

처음 예약한 글라스고의 호텔에 차질이 생겨서 급하게 새로 구한 방은 하룻밤에 11파운드짜리, 그러니까 한 사람당 2만 원도 안 되는 호스텔이었다. 넓지도 않은 크기의 방에 2층 침대 세 개가 놓여 있었다. 내 침대에 누워 팔을 뻗으면 옆 침대가 닿았다.

글라스고가 어떤 곳인가? 글라스고는 순전히 산업혁명의 도시다. 증기기관의 발명자 제임스 와트가 태어났고, 산업혁명과 함께 도시가 건설되었다. 노동자들이 도시로 몰려들었고, 그들은 작은 방 한 칸에서 두세 가족이 모여 살았다. 비참한 도시 생활이었다. 우리는 옆자리 침대와 손이 닿는 작은 방에서 글라스고의 진수를 체험한 것이다!

내가 너무 좋아하니까 아내는 '그래, 너 이런 거 좋아해?' 하는 심보로, 다음 목적지인 벨파스트의 내 침대를 14인용 도미토리에 예약을 해놓았다. 자기는 6인용 여성 방으로 갔다. 내 14인실은 포근하고 아늑했다. 반면, 6인용 여성 방에서는 벽돌처럼 생긴 독일 아줌마가 여행 사상 최고로 큰 소리로 코를 골았단다. 쌤통이다.

여행 도중 생긴 우리의 돈 문제에 대해 정확히 말하자면, 핵심은 '돈이 없다'가 아니었다. 전세금을 빼서 은행에 넣어놓고 왔으므로 그럭저럭 쓸 돈은 있었다. 다만, 한국에 돌아가면 전셋집이 작아질 뿐이다. 우리의 문제는 '어디까지 돈을 아껴 써야 하는가?' 혹은 '돈이 있지만 얼마나 없는 척하면서 살아야 하는가?'였다. 이 문제는 돈이 없어서 '어쩔 수 없이' 아껴 써야만 하는 경우와는 조금 달랐다. 우리의 문제는 그래야 하는 이유 혹은 명분을 요구했다.

그래서 '돈이 있으면 어디서나 똑같이 살게 된다. 돈이 없어야 그 땅에 맞춰서 살게 된다' 같은 명제가 필요했던 것이다. 돈을 쓰기 시작하면 여행은 어떤 여행이든 비슷해지고 만다. 사는 것도 마찬가지라고 생각한다.

내 아내는 뉴욕을 아주 좋아했다. 물론 나도 뉴욕의 활력이 좋았다. 곳곳에 멋있는 것들이 숨어 있었다. 그러는 동시에 나는 뉴욕이 불편했는데, 그것은 여행이라는 측면에서 그랬다. 뉴욕에서 만난 한 서양인 여행자에게 왜 뉴욕이 좋으냐고 물었더니 그는 이렇게 말했다.

"뉴욕에 오면 TV에서 본 식당이나 카페에 가볼 수 있어서 좋아."

그의 표현은 정확하다. 많은 사람들이 TV와 영화에서 본 뉴욕을 보러 뉴욕에 온다. 뉴욕이 세상의 모든 사람들에게 똑같은 모양으로 살기 위한 모델이기 때문이다.

나는 관절이 부실한데다 요통이 있어서 이등차보다 일등차를 선호했고, 용기가 없어 노숙이나 걸숙도 시도하지 못했다. 진짜 치열한 여행자들에 비하면 큰소리칠 입장은 못 되지만, 난 아직도 가난한 여행을 꿈꾼다. /채

에든버러의 중심가에는 세계에서 가장 유명한 경제이론가인 애덤 스미스의 동상이 있다.
그를 포함해 그 이후의 아무도 경제 현상을 완벽하게
설명하지 못했다는 점에서 희귀한 경제이론가의 동상이다.

─────── 길거리 공연과 버스커

여행의 구경에서 길거리 공연을 빼놓을 수 없다. 길거리 공연은 우리의 여행을 풍요롭게 해주었는데, 여행한 대부분의 나라에서 ─ 이란을 뺀 모든 나라에서 ─ 거리 공연을 볼 수 있었다. 이란은 몇 번의 혁명을 겪었는데, 이란 정부는 대중들이 움직이는 데 음악과 공연이 어떤 역할을 하는지 알고 있는 듯했다.

거리 공연에는 음악에서부터 춤, 서커스, 미술 퍼포먼스까지, 또 아주 실력 있는 공연에서부터 노력이 가상해서 한 푼 던져주게 되는 엉터리까지 다양한 모습이 있었다. 베를린의 미술관 앞에서는 한 어린이가 바이올린을 서툴지만 열심히 연주해 박수를 받았고, 뉴욕의 지하철에서는 중국 어린이가 천재적인 솜씨로 전자피아노를 연주했다.

어떤 이들은 재미 삼아 거리에서 연주를 하는 듯 보이기도 했고, 어떤 이들은 자기 삶이 걸려 있는 듯 진지하게 연주를 하고 있었다. 거리 공연이 그들의 삶이라고 보이는 이유는 단지 공연자 앞에 동전을 받을 모자가 놓여 있기 때문만은 아니다. 음악가로서 혹은 공연자로서 자신의 재능을 펼칠 유일한 무대로 길거리를 선택한 사람들이기 때문이다. 언젠가는 더 큰 무대로 옮겨 갈 목표를 갖고 있었다.

거리 공연을 뜻하는 영어 단어는 '버스킹(Busking)'이다. 이 단어는 스페인어의 '부스카르(Buscar)'에서 왔는데, 뭔가를 '찾는다'는 뜻을 가지고 있다.

칠레의 산티아고에서였다. 악기를 들고 어디론가 가고 있는 청년들을 봤는데 내공이 심상치 않아 보였다. 그들이 가지고 있는 악기도 흥미롭기 그지없었다. 아코디언과 기타, 큰북과 콘트라베이스(나는 콘트라베이스를 가지고 있는 팀에 끌린다). 그들 뒤를 쫓아 한참을 가니 한적한 골목에 자리를 잡고는 공연을 시작했다. 일종의 집시 재즈였는데, 연주는 역시 훌륭했다. 연주가 끝나자 관객 한 사람이 다가가 명함을 주고받으며 이야기를 했는데, 다음번 파티에서 연주 밴드로 초청받았단다. 잘됐다.

노래 이야기를 하면서 켈트 민족을 빼놓을 수 없다. 지금은 프랑스 노르망디 지방과 아일랜드, 영국 북부, 아이슬란드와 캐나다 동부까지 널리 퍼져 살고 있는 켈트족은 자신들이 노래를 잘한다고 자부한다. 이 중에서는 아일랜드가 켈트 음악의 중심지일 듯하다. 한국 젊은이들 사이의 버스킹 유행도 아일랜드발이다.

우리에게는 아이슬란드의 한 음반점 로비에서 열린 공연이 특히 인상적이었다. 캐나다인과 아이슬란드 젊은이들로 이루어진 밴드 '민드라'는 켈트족 특유의 바람 소리가 섞인 청승맞은 음악에 실험 정신까지 듬뿍 얹어 멋진 노래를 들려주었다. 젓가락으로 기타를 두드리는 바람에 관객들을 졸게 만든 것이 유일한 흠이다.

스웨덴 스톡홀름의 호스텔에서 우리는 영국인 거리 음악가와 룸메이트가 되었다. 작은 배낭 하나와 기타 케이스를 들고 호스텔에 들어온 그의 이름은 리 라이스였다. 한때는 영국에서 세일즈 일을 하며 돈도 많이 벌었다고 한다. 밤늦게까지 정신없이 일하던 어느 날, 자기가 돈의 노예가 되어 있다는 생각을 하고는 곧 회사를 그만두었다. 어렸을 때 합창단을 했다니 노래는 잘했던 모양이다. 회사를 그만두고 기타를 배워 밴드를 하다가 여행을 떠났다. 길거리 공연을 해서 여행 경비가 모이면 다음 목적지를 향해 떠난다. 돈은 예전보다 훨씬 못 벌지만 지금의 삶이 훨씬 풍족하다고 말했다.

호스텔 방 안에서 이야기를 나누던 그는 우리 부부를 위해 노래를 불러주었다. 얼마 전에 떠오르는 생각으로 가사를 만들었고, 그 가사로 노래를 새로 지었단다. '변화는 나를 강하게 한다'는 내용의 노래였다. 다음 날, 그는 스웨덴과 노르웨이의 국경에 있는 세계에서 가장 오래된 나무를 보러 가겠다며 길을 떠났다. 자신이 원하는 삶을 찾기 위해 떠나왔다는 점에서 리 라이스야말로 진정한 '버스커'다. /채

아일랜드의 더블린. 알란 파커 감독의 영화 〈커미트먼트〉에는 이런 대사가 나온다.
"음악은 네가 어디서 왔는지 보여줘야 해. 음악은 거리의 언어로 말해야 하지."
그리고 그들은 더블린 소울 밴드를 결성한다. 더블린 거리에는 음악가들로 가득 차 있었다.

북유럽의 일요일

우리는 아이슬란드를 떠나 유럽의 북쪽 나라들에 도착했다. 스코틀랜드와 아일랜드, 핀란드, 스웨덴, 덴마크 들이었다. 이곳에서 몇 주를 보내는 동안 우리 부부는 이 사람들의 일요일에 깊은 인상을 받았다. 대단하고 화려한 것이 있어서가 아니었다. 오히려 그 반대였다. 그들이 보여준 일요일은 소박하고 차분한 오래된 일상이었다. 그 모습이 좋았다.

아일랜드의 수도 더블린에 도착한 우리는 12인용 방에 짐을 풀었다. 대낮인데도 아저씨가 코를 골면서 자고 있었다. 마트에 가서 물을 살 겸 가볍게 동네를 걸었다. 여행이 절반을 지나니, 우리가 낯선 도시에 적응하는 이 과정이 무슨 의식처럼 자리 잡았다. 마트에서 대략의 물가를 점검하고 물 한 병을 사면서 낯선 동전을 건네고 다른 얼굴의 직원과 초급 여행 회화 편 인사말을 주고받으면 우리의 간단한 적응 의식이 끝나는 것이다.

그러고는 숙소에서 편하게 다리를 뻗고 인터넷을 뒤적인다. 일반적인 관광지 목록을 얻는 것도 중요하지만 전시나 공연, 축제나 행사처럼 지금 아니면 볼 수 없는 것이 무엇인지도 찾아본다. 더블린에서는 블룸스 데이 행사가 우리의 레이더망에 걸렸다.

세계적인 소설가 제임스 조이스는 더블린을 배경으로 소설을 썼는데, 그 대표작이 『율리시스』다. 내용은 등장인물인 미스터 블룸이 6월 16일 하루 동안 더블린에서 시간여행을 하며 겪는 이야기다. 그래서 6월 16일이 '블룸스 데이'다. 사실 제임스 조이스는 소설이 음란하다는 이유로 더블린에서 추방당했다. 그의 『율리시스』는 파리의 유명한 관광지 서점 '셰익스피어 앤 컴퍼니'에서 처음 출판되었고, 그 후 조이스는 영어 사용자들을 대표하는 작가가 되었다.

지금 더블린은 제임스 조이스를 자랑한다. 곳곳에 제임스 조이스의 동상과 초상이 있고, 그가 쓴 구절들이 카페 벽을 장식하고 있다.

'제임스 조이스의 소설은 그렇게 어렵다던데, 이 사람들이 그의 소설을 읽기나 했을까?'

이런 생각을 할 만했다.

우리가 인터넷에서 찾아낸 행사는 블룸스 데이를 일주일 앞두고 열린 '블룸스 데이 산책'이었다. 인터넷의 설명만으로는 조금 애매하긴 했지만 일단 그곳에 가보기로 했다. 일요일 오후, 시내에서 버스로 20

분쯤 떨어진 집합 장소로 찾아갔다. '바다의 별'이라는 이름을 가진 성당 앞이다. 일곱 명의 신사 숙녀가 먼저 와 있었다. 이 모임은『율리시스』소설 안에 나오는 지역을 찾아가서 그 동네를 둘러보고 함께 책을 읽는 모임이었다. 책을 들고 모이는 것이 규칙인 것은 알지만, 우리는 여행 중이라 책이 없다며 양해를 구했다. 밝게 웃으며 우리를 맞아준다.

6월 16일 블룸스 데이 당일에는 참가자들이 소설 속의 의상을 입고 모이기도 하는데, 오늘은 평상복이라 우리에게 미안하단다. 골목을 따라 걷다가 넓은 공원 벤치에 앉았다. 오래전에는 여기가 바닷가였다. 오늘 읽을 챕터의 배경이 이곳이다. 모두들 가방에서 두툼한 책을 꺼냈다. 바다를 바라보는 미스터 블룸을 상상하며 차례로 자기 몫의 문장들을 읽기 시작했다.

자기들은 조이스의 골수팬이라는, 이 아저씨 아줌마들의 책 읽는 모습이 보기 좋았다. 우리는 가뜩이나 어렵다는『율리시스』를, 가뜩이나 알아듣기 힘든 아일랜드 억양으로 읽는 소리를 한참 듣고 서 있었다.

스코틀랜드 에든버러의 한 카페 벽에 '내일 운하 음악 산책이 있다'는 행사 안내문이 붙어 있었다. 에든버러는 멋진 고성의 도시로 유명한 곳이다. 조앤 K. 롤링이『해리 포터』를 이곳에서 썼다고 해서 그럴 만하다 했다. 에든버러의 프린지 페스티벌은 원래의 공연 페스티벌보다 더 유명해진 것으로 유명하다. 오페라, 무용, 연주회가 중심인 공연 페스티벌보다 광대들의 거리 공연이 에든버러 페스티벌의 얼굴이 된 것이다. 딱 이 정도까지만 알고 있었다.

하여간 나는 에든버러에 운하가 있는지도 몰랐다. 카페의 포스터에서 '운하 음악 산책'이란 제목을 본 나는 무슨 재미있는 음악 퍼레이드가 열릴 것이라고 기대했다.

다음 날 카페를 찾아갔다. 사람들이 평소보다 조금 더 많은 정도였다. 시간이 되자 카페에 모인 십여 명의 사람들이 어디론가 움직였다. 뒤를 따랐다. 골목 두어 개를 돌자 정말 운하가 나타났다. 작고 아담한 운하였다. 폭이 좁은 곳은 기껏해야 3~4미터 정도일까. 양옆을 따라 온갖 식물들이 꽃을 피웠고 한쪽에 산책로가 있었다. 나중에 알고 보니, 이 운하는 영국 섬을 에든버러에서 글래스고까지 횡단하는 산업혁명 시대의 영광의 흔적이었다.

이 운하 곳곳에서 공연 팀이 사람들을 기다리고 있었다. 공연 팀이라고 해봤자 어제 카페에서 서빙을 하던 두 여성이 노래를 불렀고, 4인조 밴드가 앰프 없이 연주하는 정도다. 참가자들은 운하를 산책하다 이들 밴드를 만나면 멈춰 서서 그들의 공연을 감상했다. 짧은 공연이 끝나면 다시 산책을 시작했는데, 다음 순서는 함께 노래를 부르는 것이라고 했다.

우리가 처음 모였던 그 카페는 일종의 문화 동호인들의 모임으로 그들이 스스로 이런 행사를 만들었다. 게시판 한쪽에 붙어 있던 공연 일정과 '누구든 공연을 하고 싶은 분은 신청하세요'라고 쓰인 문구가 이들이 함께 즐기는 방법을 보여주고 있었다. 에든버러의 일요일, 조용한 운하 주변에 밴드의 음악이 퍼졌다.

운하에서는 그들 외에도 많은 사람들이 일요일 오후를 즐기고 있었다. 아이 둘이 물 위에서 열심히 노를 젓고 있었다. 자세히 보니 자전거 튜브를 엮어 만든 보트다. 다음 주에 열리는 창작보트대회에 참가하기 위해 창작했는데, 튜브는 빵빵했지만 아이들의 몸무게를 견디기에는 역부족이었다. 아이들의 몸은 이미 반 이상 물속에 잠겨 있었다. 아버지가 운하를 따라 가며 코치를 했다. 맘대로 보트가 나가지 않자 아이는 괜히 아빠한테 투정을 부렸다.

"난 아빠가 싫어."

"하하! 내가 싫다네."

아버지는 크게 웃었다. 자식이 모르는 뭔가를 부모는 알고 있다는 표정이었다.

다른 쪽에서는 한 무리의 젊은이들이 무선조정 보트를 띄워놓고 경주를 하고 있었다. 돛이 달린 모형 요트였는데, 물 위의 오리보다도 느렸다. 그 느린 요트로 하는 경주에 혼신을 다해 응원하는 젊은이들의 표정이 더 재미있었다. 물론 한쪽에는 맥주팩 몇 개와 휴대용 바비큐 판이 있었다.

"오늘 보트 경주하러 갈래?"

"그래, 내가 맥주 가져갈게."

그렇게 모였음이 분명했다. 내가 어렸을 때 이렇게 놀았던 것 같다.

초등학교 때쯤이었을 거다. '친구야, 노올자!' 하고 모였다. 그 이후로 친구들이 모여서 놀았던 적이 있었나, 한참 기억을 뒤져보았다.

일요일의 압권은 덴마크 코펜하겐이 아니었을까 싶다. 코펜하겐의 로젠보그 공원은 옛 왕궁의 정원이다. 자전거를 끌고 공원을 지나다 보니, 넓은 잔디밭에서 잘생긴 젊은이들이 줄을 서서 뭔가 경기를 하고 있었다. 무엇인가를 던지는 경기였는데, 가까이 가서 보니 그들이 던지는 것은 장화였다. 그냥 장화! 편을 나누고 순번을 정하고 던져 거리를 재고 기록을 하는 등 나름 진지했다. 장화는 똑바로 던지기 힘든 듯했다. 옆으로 많이 벗어나 파울이 되거나, 아예 코앞에 떨어지기도 했다. 실수를 하면 비난을 하고, 기록이 나오면 환호가 터졌다. 물어보니, 그들 중 한 명의 총각 파티란다. 다음 주에 결혼하는 친구를 축하하기 위해 장화를 던진다고? 어쩐지 다들 잘생겼고, 잘 차려입었다. 한쪽에는 맥주가 쌓여 있었다.

장화 던지기가 오래된 전통이거나 특별한 의미가 있는 것은 아니다. 그럼에도 장화 던지기는 의외로 많은 나라에서 하고 있다. 여기저기 알아보니 영국의 작은 도시와 뉴질랜드의 농촌 마을에서도 장화 던지기 대회를 연단다. 술집에서 돈 안 내고 도망가는 농부를 향해 술집 주인이 장화를 던졌다는 기원설도 있지만 믿을 수 없다. 세계장화던지기대회가 열리기도 한다. 세계상화던지기대회 홈페이지를 보니 첫 화면에 '어리석은 짓을 해보자'라고 쓰여 있다.

어쩌면 '결혼이란 최고로 어리석은 짓'임을 잊지 말자는 뜻에서 총각 파티로 장화 던지기를 하는 것이었을까? 어리석은 놈들!

로젠보그 공원에는 어리석은 짓을 하는 젊은이들이 한 팀 더 있었다. 십여 명의 남녀가 사각형으로 둘러 앉아 있었고, 가운데 30센티미터 정도의 막대가 세워져 있다. 한 명이 공을 굴렸고, 그 공이 막대를 쓰러트렸다. 자리에서 튀어 오르며 환호성을 지른다. 월드컵 우승한 줄 알았다.

이 나라들에 사회 복지가 그렇게 잘 되어 있다는데, 너무 오랫동안 복지 속에 살아서 경쟁이 무엇인지 잊어버렸음이 분명했다. 하루하루가 피 튀기는 경쟁인 우리는 이런 싱거운 게임은 상상도 못한다.

'너네 우리랑 붙으면 끝장이야.'

이런 걸로 으쓱해하는 것이 옳은 것인지는 잘 모르겠다.

우리는 여행을 하면서 잘 노는 사람들을 만났다. 내가 잘 놀아본 적은 없어 모르겠지만, 그들의 모습에는 '잘 논다'는 표현이 어울리는 듯하다. 그들을 보아하니, 잘 노는 데는 화려한 장비나 기술이 필요하지 않았다. 정말 필요한 것은 뭘까? 음…, 친구와 맥주? /채

덴마크 코펜하겐의 로젠보그 궁전 정원에 잘생긴 젊은이들이 모여 장화 던지기를 하고 있다.
물어보니, 이들 중 한 명의 총각 파티를 위해 모였단다. 한켠에는 맥주가 쌓여 있다.
자기들도 장화 던지기는 처음 해보는 것이라며 재미있어 했다.

아일랜드의 더블린에서 제임스 조이스 독서 모임을 만났다.
소설의 배경이 되었던 장소를 찾아가 함께 책을 읽는 모임이다.
이 장소는 오래전 바닷가였다고 한다.
제임스 조이스가 이 벤치에 앉아 바다를 보았을지도 모른다.

애든버러의 운하에서 젊은이들이 느리기 짝이 없는 요트 경주를 하고 있다.
우리는 우연히 이 운하를 볼 수 있었다. 관광과 여행의 차이가 있다면,
여행은 기꺼이 샛길로 빠질 준비가 된 사람들의 것이 아닐까 하는 생각을 잠깐 했다.

헬싱키발 유람선

우리는 핀란드 헬싱키에서 유람선을 타고 스웨덴 스톡홀름에 도착했다. 이 유람선 코스는 유럽 여행에서 유명한 관광 코스다. 소위 '피오르해안'이라고 하는, 울퉁불퉁 들쭉날쭉한 해안선을 보면서 여행을 하는 것이다. 물론 그것은 밤이 되어도 해가 지지 않는 여름철의 이야기이고, 무엇보다 바깥이 보이는 창문이 달린 방에 묵었을 때의 이야기다. 우리는 이 유명한 유람선의 가장 싼 방, 수면 저 아래에 잠겨 있는 방을 예약했다.

저녁에 배를 타고 출발해 하룻밤 자고 아침에 도착하는 일정이었다. 선착장에서 예약을 확인하고 표를 받는데 아내가 사색이 되었다. 방 두 개를 예약한 것이다. 숙소 예약을 전담해온 아내는 매일같이 호스텔 도미토리 숙소를 예약하다 보니, 호스텔의 침대 두 개를 예약한다는 생각으로 선실도 두 개를 예약한 것이다. 이를 테면 기차처럼 침대를 따로 예약해야 하는 줄 알고 두 개를 선택했는데, 호텔방처럼 방을 두 개 달라고 한 셈이었다. 왜 배가 기차랑 비슷해야지 호텔에 가까운 걸까?

직원은 환불을 해주긴 하되 규정상 전액은 안 되며, 또 일부를 돌려주되 규정상 현금으로는 안 된다며 58유로어치의 배에서 쓰는 쿠폰을 주었다. 돈 아낀다고 저녁으로 먹을 3유로짜리 핫도그를 사서 옆구리에 끼고 배에 오른 우리에게 단 하루 저녁 동안 58유로를 쓰라는 것이다. 직원은 동양에서 온 어리석은 커플이 불쌍했는지 잠깐 기다리라고 하곤 3등석이던 우리 방을 1등석으로 업그레이드해주었다.

나는 아내에게 쿠폰을 팔자고 제안했다. 어차피 이 배에서 돈 쓸 사람들에게 쿠폰을 주고 현금을 받으면 된다. 아무리 생각해도 그 방법밖에 없다. 우리는 크루즈 면세점 앞과 쇼핑몰 식당 앞에서 지나가는 이들을 붙잡고 쿠폰 팔이를 했다.

처음에는 대부분의 사람들이 종이쪽지를 내밀며 돈을 달라는 눈 찢어진 동양인을 의심스럽게 쳐다보기만 했다. 그 많던 한국인 관광객은 다 어디로 간 건지, 어정쩡한 영어와 어정쩡한 몸짓으로 애원해야 했다. 아내는 면세점 쪽을 맡았는데 티셔츠 고르는 중국인 아저씨의 옷 색깔도 봐주고, 면세점에서 와인 고르는 미국인 아저씨의 와인도 추천해주고, 손주 줄 장난감을 사는 할머니의 장난감도 같이 골라줬단다. 그런데 이 셋 중 쿠폰을 사준 사람은 없었다.

사람들에게 퇴짜 맞기를 한 시간쯤 반복하고 나서, 나는 사람들을 우리 편으로 만드는 방법을 깨달았다. 강자를 욕하는 방법이었다.

"아 글쎄, 이 배의 규정이라며 현금을 안 주는 거예요. 쿠폰이요? 쳇! 규정이라네요."

어깨를 들썩거리며 미국 토크쇼 진행자 같은 제스처까지 섞었다. 그러면 사람들이 우리와 같은 편이 되었다. 결국 약 50유로어치 쿠폰을 팔았다. 그리고 남은 쿠폰으로 우리는 면세점에서 8유로짜리 와인을 한 병 사서 건배를 했다.

1등석 방에서 창밖으로 보이는 ─ 그렇다. 이 방에는 창이 있다! ─ 피오르해안의 경치는 장관이었다. 백야의 창밖은 밝긴 하나 낮의 어느 시간과도 닮지 않았고, 내 정신도 깨어 있으나 낮의 어느 정신도 아니었다. 올록볼록한 섬 사이를 천천히 지나가는 유람선은 초현실적인 경험이었다.

호기심이 발동하여 우리는 원래 우리가 갔어야 할 저 아래쪽 3등 선실도 가보았는데, 배의 엔진 소리가 쿠구구궁 울리는 철제 복도가 영음침했다. 여행을 할 때마다 느끼는 건데, 인생은 새옹지마라는 말이 맞다. 지금 뜻대로 안 되었어도 다음에 무슨 일이 벌어질지는 아무도 모른다. 길을 잘못 찾았어도 걱정할 것 없다. 뭔가 더 멋진 일을 만날지 모르는 거다. 우리가 유람선 배표를 잘못 예약하지 않았다면 피오르해안의 초현실적인 백야를 경험할 수 없었을지도 모른다. /채

핀란드 사람들에게 사우나는 특별한 의미가 있다고 사우나에서 만난 여성이 설명해주었다.
헬싱키의 생일인 헬싱키 데이 행사의 하나로 호숫가에 이동식 사우나가 차려졌다.
뜨거운 돌 위에 물을 끼얹어가며 사우나를 하다가 호수에 뛰어들어 몸을 식혔다.

덴마크의 자전거와 질서

아무리 생각해도 여행은 세상을 만나는 일은 아닌 듯 하다. 여행은 아주 주관적인 행위다. 자기가 아는 것만을 보고, 할 수 있는 생각만 한다.

우리가 우리 스스로를 판단해봐도, 그동안 너무 보고 싶은 것만 본 것 같았다. 경험의 균형을 맞춰야 할 것 같아 뭔가 아주 다른 것을 볼까 생각해보았다. 예를 들어 질서를 숭상하고 사회 조직에 순응하는 것 이 중요하다고 말하는 사람들을 찾아가서 인터뷰라도 해보면 어떨까, 진지하게 생각했다. 하지만 아내는 그런 사람은 이미 한국에서 수없 이 만나왔다며 내 제안에 반대했다.

그럼, 질서를 숭상하고 조직에 순응하는 것을 미덕으로 여기는 인터 뷰 대신 덴마크의 자전거 이야기를 쓰자.

한국에 비교하자면 세계 대부분의 나라가 자전거 선진국이지만, 덴마크는 특히 자전거 이용으로 유명한 나라다. 모두가 자연스럽게 자전거를 타고 출근하고, 등교하고, 장을 보러 간다. 무엇보다 자전거 도로가 잘 갖추어져 있다. 자전거 도로와 차도 사이에는 턱이 있어서 자동차가 침범할 수 없다.

서울에서 자전거를 좀 타본 내가 느낀 또 하나의 차이는 덴마크 사람들은 자전거를 탈 때 잘 선다는 점이었다. 교차로에서 자전거는 일단 정지하고 신호를 따랐다. 자전거가 맘껏 달릴 수 있는 이유는, 모두가 규칙을 지키기 때문이다.

덴마크의 자전거 문화가 한때 이슈가 된 적이 있는데, 헬멧을 쓰지 않는 것 때문이었다. 덴마크 사람들은 헬멧 착용을 법으로 정하는 것은 개인의 영역을 법이 간섭하는 것이라고 했고, 안전하게 탄다면 헬멧은 애당초 필요 없다고 했다. - 앗, 이 글의 처음 취지와 어긋나버렸다. 자전거를 빌리는 상점에서 직원은 자전거를 내주면서 지켜야 할 규칙들을 말해주었다. 교통 신호나 주차, 수신호 등 간단한 것이었는데, 모두가 그 간단한 규칙을 지켰다.

하루는 자전거를 타고 나왔는데 비가 부슬부슬 내린다. 다들 어떻게 하나 봤더니 비닐봉지 하나를 자전거 안장에 씌워놓았다. 엉덩이 젖는 거 싫은 건 세계인의 공통점이다. 자전거를 탈 때는 안장에 씌워놓았던 봉지를 머리에 쓰고 간다. 머리만 안 젖으면 되나? 이건 좀 다르다. /채

관광과 여행

　　덴마크 코펜하겐에는 안데르센 동화의 주인공 인어공주의 동상이 있다. 우리가 찾아갔을 때, 중국인 관광객들이 몰려들어 그 앞에서 기념사진을 찍고 있었다. 사진을 찍은 그들은 다시 우르르 몰려가 버스를 타고 돌아갔다. 이 인어공주 동상은 세계의 3대 허무한 관광지라는 별명을 가지고 있다. 명성은 화려한 데 비해 막상 찾아가보면 별것 없다는 이야기다. 바닷가 둑 한쪽에 사람 크기보다 조금 작은 동상이 하나 있을 뿐이다.

인어공주 구경이 허무하다니 이 상황이야말로 관광의 생태를 보여준다. 한 번도 안데르센이나 인어공주에 관심을 가져본 적이 없는 사람들이, 남들이 다 가본다는 이유로, 혹은 코스에 포함되어 있다는 이유로 인어동상을 찾아오니 어떤 감상이 있을 리 없다. 반대로 자기가 정말 관심이 있는 것을 찾아간다면, 그곳에 작은 동상이 아니라 돌멩이 하나가 있더라도 감동할 것이다.

잠깐 말을 돌리자. 우리 부부는 일본 교토에 '나생문'을 보러 간 적이 있다. 나는 아쿠타가와 류노스케의 소설을 좋아했고, 아내는 구로자와 아키라 감독의 영화를 좋아했기 때문이다. 소설이자 영화인 『나생문』의 줄거리는 간단하지만, 의미는 깊다. 산길을 걷던 남녀를 강도가 공격해 남자가 죽는다. 재판이 열리는데 피해 여성과 목격자인 스님, 강도, 그리고 무당의 목소리를 빌린 죽은 남자의 증언이 모두 다르다. 모두 자신의 입장에서만 말하기 때문이다. 삶의 부조리를 일본식으로 멋지게 그려냈다.

이 소설의 배경이 된 나생문은 옛 교토의 남대문이었다. 우리 부부는 그 나생문을 직접 보고 싶었다. 지도를 들고 찾아간 동네의 작은 놀이터에는 '나생문이 있던 자리'라고 적힌 말뚝이 하나 있을 뿐이었다. 나생문이 없다는 건 알고 갔지만, 없어도 너무 없다.

말뚝 옆에서 아이들이 미끄럼틀을 타고 노는 모습을 보고 있자니 이것도 괜찮다는 생각이 들었다. 어쩌면 별거 없어서 더 좋았을 수도 있다. 우리만의 발견처럼 생각되기도 했다. 말뚝까지 갔다 오는 길이 소설가와 영화감독의 뒤를 따라 가는 것처럼 느껴졌다.

덴마크 코펜하겐에서 우리의 공감을 부른 것은 따로 있었다. 우리는 인어공주상에서 조금 떨어진 곳에 있다는 다른 동상 하나를 보러 갔다. '유전적으로 변형된 인어공주'라는 현대조각이 그 근처에 있다. 찰

흙을 반죽하다 만 것처럼 생긴, 인어공주 동상의 패러디다. 자연 파괴와 환경오염을 말하는 것일 수도 있겠으나, 나에게는 관광산 업에 대한 농담으로 보였다.

우리가 알고 있는 인어공주 이야기는 대부분 월트 디즈니에 의해 각색된 이야기다. 안데르센은 유럽 여기저기에 떠돌던 이야기를 모아서 동화로 만들었는데, 그의 이야기는 훨씬 현실적이다. 원래 동화라는 장르가 그런 것이다. 안데르센의 이야기에서 결말은 해피엔딩이 아니다. 버림받은 인어공주는 왕자를 죽여야 했는데 죽이지 못하고 물방울이 되어 사라진다. 어쩌면 '유전적으로 변형된 인어공주'란 그렇게 변형되어 버린 인어공주에 대한 이야기가 아닐까. 이 동상이 아무것도 모른 채 기념사진 한 장 찍으러 몰려드는 관광객들에 대한 농담으로 보이는 이유다.

유럽을 여행하는 동안 관광객들과 자주 마주쳤다. 별로 기분 좋은 일은 아니었다. 그들이 싫은 것이 아니라 나 역시 그들처럼 관광지를 찾아다니고 있다는 증거였기 때문이다. 그럴수록 관광과 여행은 어떻게 달라야 하는지, 나는 어떤 여행을 하고 있는지 더 생각해야 했다. 그럼에도 여정이 크게 달라진 건 없다. 우리는 유럽에서 몇 개의 중요한 역사적 건축물과 몇 개의 중요한 미술관들을 가보고 싶었는데, 모두 관광지에 있었다.

스페인에서 관광산업에 대한 결정적인 이야기 하나를 봤다. 스페인 마드리드의 미술관들은 규모에서나 소장품, 전시의 수준에서 모두 대단했다. 마드리드의 현대미술관에서 '놀이터'라는 기획전이 열리고 있었다. 놀이에 대한 다양한 측면을 예술작품으로 풀어나가는 전시였다. 그중에 '게으를 권리'라는 소제목의 방이 있었는데, 그 방의 전시는 관광산업에 대해 말하고 있었다(게으를 권리는 마르크스의 사위이자 쿠바계 프랑스 학자 라파르그의 글 제목이기도 하다).

대략 이런 내용이다. 20세기 산업사회는 노동자들의 일하는 시간만이 아니라 쉬는 시간에까지도 관여하게 되었다. 일 년에 한두 번 정기적으로 휴식을 얻는 휴가라는 것이 생겼다. 휴가에는 어딘가 멀리 갔다 와야 한다는 의례가 형성되었고, 이를 관광산업이 부추겼다. 이를테면 '휴가를 떠나기 위해 일하라. 얼마나 멋진가!' 같은 허위의식이 만들어졌다는 것이다. 지금의 관광산업은 사람들이 어디로 갈지, 무엇을 볼지, 무엇을 먹을지 욕망을 부추기고 있다.

우리의 휴가 여행이 자본주의 산업사회가 짜낸 판에 놀아나는 일이라니, 일상을 벗어나 탈출했다고 생각했는데 그 역시 남들의 상상에 놀아난 것일지도 모른다니 섬뜩한 일이다.

베를린의 미술관 '마틴 그로피우스 바우'에서 중국의 삐딱이 작가 아이웨이웨이의 전시가 열리고 있었다. 중국식 간이의자가 가득 채워져 있는 가운데 홀을 지나 여기저기를 둘러보던 중, 벽에 걸어놓은 사진들이 눈에 띄었다. 아이웨이웨이가 세계를 돌아다니며 유명 관광지들 앞에서 찍은 사진인데, 모든 사진에서 왼손 가운뎃손가락을 관광지를 향해 치켜들고 있다. 관광산업에 대한 손가락 먹이기거나, 그 장소를 바라보는  관광객의 시선에 대한 손가락이다. 사진에 담긴 장소들을 보니, 우리 부부가 그 앞에 서서 열심히 기념사진을 찍던 곳이다. 아이웨이웨이의 손가락은 나를 향한 것이었다. 쳇, 아이웨이웨이의 작품들은 너무 직설적이라 나는 별로 좋아하지 않는다. 하지만 왠지 그 작품만큼은 은근히 통쾌했다. /채

세계 3대 허무한 여행지라는 목록이 떠돌고 있다.
첫째와 둘째는 덴마크의 인어상과 벨기에의 오줌싸개 동상이 항상 차지하고 있다.
세 번째는 의견이 분분한데, 오스트리아의 황금 지붕이라는 설과
독일의 로렐라이 언덕이라는 설이 있다. 모두 헛소리다.

베를린의 난민촌과 연대

독일 베를린에서 우리가 묵었던 동네 크로이츠베르크는 도시의 동남쪽, 한때는 동베를린에 속했던 곳이며, 그 이후로 다양한 인종의 사람들이 섞여 사는 곳이었다. 터키인이 제일 많고, 동남아시아계도 많았다. 아프리카 사람들은 지하철역 입구를 서성거리며 약을 원하는 손님을 기다리고 있었다. 사람들은 그들을 '트레이더'라고 불렀다.

이렇게 이방인들이 자리 잡은 마을은 오랫동안 문화적인 외곽 역할을 했다. 독립 예술가들이 모여들었고, 독립 음악이 일찍이 이곳을 중심으로 퍼져 나갔다. 작지만 훌륭한 서점과 전시장들이 있고, 이곳의 클럽들은 세계 최고라는 평을 얻었다. 동네 골목 베트남 음식점의 쌀국수 맛은 유럽 최고였다.

우리 호스텔은 이 구석진 동네의 한쪽 구석에 있었다. 지하철역에서 멀었지만 비교적 싸고 깨끗했다. 호스텔의 냉장고에서 맥주를 꺼내 마시고 1유로를 동전통에 넣으면 되었다. 마트의 맥주 값은 물론 더 쌌다. 유난히 이곳 마트들에서는 가스 없는 물을 찾을 수 없었는데, 프랑스산 물을 사 먹으니 맥주가 더 쌌다(여행 내내 우리는 세계 각국의 말로 표시된 가스 있는 물과 가스 없는 물을 구별하느라 무진 애를 먹었다. 나중에야 배워서 깨우쳤는데, 페트병을 눌러보면 알 수 있다. 페트병이 탄탄한 것은 가스가 있는 물이고, 물렁하고 눌러지면 가스가 없는 물이다).

하루는 호스텔을 나서는데, 거리에 경찰이 쫙 깔려 있는 것이 분위기가 심상치 않았다. 경찰차들이 도로를 막고 검문을 한다. 이 동네에 난민 피난처가 있는데, 그것이 문제가 되었다. 오래된 학교 건물에 200여 명의 난민들이 18개월째 살고 있었단다. 주로 아프리카에서 넘어 온 사람들이다. 월드컵 열기가 한창이던 때 경찰이 그들을 몰아냈다. 낮 동안 사람들이 돈벌이를 하러 나갔을 때 경찰이 건물 출입을 막아버린 것이다. 학교에 남아 있던 40여 명은 지붕으로 올라가 경찰과 대치했다. 내게는 한국의 어떤 장면들과 겹쳐 보였다. 경찰은 학교 주변 거리에 바리케이드를 치고 서서 사람들이 다시 학교로 들어가는 것을 막았다.

독일 정부가 난민들을 몰아낸 것은 지금의 정치적 분위기와 무관하지 않은 듯하다. 인터넷을 조금 검색해보니 많은 유럽의 정치인들이 '다문화 정책은 실패했다'는 내용의 발언들을 하고 있다. 프랑스의 사로코지 전 대통령도 '이슬람교는 허용하나, 그것은 프랑스식 이슬람이어야 한다'는 말을 했다. 정치인들이 이런 발언을 한다는 것은 보통 사람들의 생각이 그렇게 바뀌고 있다는 의미다.

서유럽 나라들의 난민 문제는 심각하다. 독일 정부는 올 한 해에만 40만 명의 난민이 새로 들어올 것이라고 예상하고 있다. 리비아 등 북아프리카 국가들이 붕괴해 무정부 상태가 되었기 때문이다. 중동의 IS 문제도 있다.

다행히 난민을 지지하는 사람들이 목소리를 내고 있었다. 동네 곳곳의 상점과 카페, 아파트 창문에 '우리는 피난처를 환영한다'는 깃발이 걸리기 시작했다. 손으로 만든 깃발을 건 곳도 있었고, 프린트한 종이 한 장을 문 앞에 붙이기도 했다.

경찰에 항의하는 시위대들이 바리케이드 앞으로 몰려왔다. 많을 때도 있고, 몇 명일 때도 있었지만 매일 시위가 벌어졌다. 그들은 '우리가 아프리카에 무기를 팔았다. 그들은 우리가 판 무기 때문에 자신의 나라에서 도망쳐 온 사람들이다. 우리가 피난처를 제공해야 한다'고 말했나.

우리가 베를린을 떠날 때까지 경찰은 학교를 막고 있었다. 지붕 위에 있던 40명에 대해서만 학교에 머물며 생활할 수 있도록 허락했다. /채

아내는 베를린에서 고전미술을 보는 재미에 빠졌다고 했다.
동베를린에 속했던 '미술관 섬'이 있고, 그에 대항해 서베를린이 만든
쿨투어포룸의 미술관들이 더해지니, 다른 도시에 비해 두 배의 미술관이 있었다.

베를린의 벽화는 유명하다.
그중 하나인 이슬람 소녀와 백인 소녀가 공놀이를 하는 그림이다.
한데, 자세히 보니 이들이 함께 공놀이를 하는지,
따로 노는 모습을 모아놓은 것인지 애매해 보인다.

——— 폴란드 바르샤바의 이미지

폴란드 바르샤바의 '옛 거리'를 걷다 보니, 길 여기저기에 고전 회화 작품이 놓여 있는 게 눈에 띄었다. 모두 이 거리의 옛 모습을 그린 작품이다. 작가의 이름도 표시되어 있는데, 카날레토라는 18세기 이탈리아 작가다. 카날레토라면 '그랜드 투어'가 유행하던 시절, 영국과 프랑스의 귀족 자제들이 이탈리아를 여행하고 돌아가면서 그의 풍경화를 한 점씩 가져가면서 유명해진 사람 아닌가. 만년에 그는 유럽 각국에 초대되어 그곳의 풍경들을 그렸다. 그때 그린 그림들이 지금 이 거리에 놓여 있는 것이다.

그림을 처음 보았을 때는 그런가 보다 하고 지나쳤는데, 그림이 유난히 많다. 자꾸 비교해본다. 거리와 그림을. 드디어 궁금해지기 시작했다. 이 그림들이 여기에 있는 이유는 뭘까?

이탈리아 작가가 바르샤바 거리
를 얼마나 잘 그렸는지 보라고?
보통의 경우에는 그것이 맞다.
그림이 실제의 거리를 얼마나 잘
묘사하고 있는지를 보는 것이 맞

다. 나중에 알게 되었는데, 바르샤바의 경우는 달랐다. 그 반대다. 지
금의 거리가 옛날 그림처럼 잘 복원되었는지를 보라고 말하고 있다.
바르샤바에는 깊은 속사정이 있었던 것이다.

모두가 잘 알다시피 폴란드는 2차 대전 때 독일에 점령당했다. – 폴란
드에서 만난 대부분의 설명에서 폴란드를 점령한 것은 독일이 아니
라 '나치'라고 표현하고 있다. 거기도 무슨 사정이 있지 않을까 싶다 –
폴란드의 오래된 수도 바르샤바 시민들은 전쟁이 끝나기 일 년 전인
1944년 독일 점령군에 대항해 무장봉기를 일으켰다. 바르샤바 시내
한복판의 '봉기박물관'에는 당시의 처참한 상황들이 전시되어 있다.
초반에는 시민군 측이 기선을 잡기도 했다. 하지만 독일은 유럽의 다
른 나라에서도 비슷한 일이 일어날까 두려워 바르샤바를 본보기로 삼
기로 하고 총공세를 펼친다. 그 결과 엄청난 수의 시민이 사망하고 도
시는 파괴되었다. 독일군은 공습으로도 모자라 중요한 건물들에 하
나하나 폭약을 설치해 날려버렸다.

봉기박물관에는 독일 비행기가 공습을 끝낸 후 도시를 촬영한 20분
짜리 비디오가 상영되고 있다. 도시 전체가 불도저로 밀어놓은 듯 평

평해 보인다. 그런 초현실적인 풍경이 또 없다.

전쟁이 끝나자마자, 아니 전쟁이 끝나기도 전에 폴란드 국민들은 바르샤바를 재건해야 한다고 생각했다. 전쟁이 끝나고, 곧 재건을 전담하는 관청이 생겼다. 바르샤바에 대한 자료를 모았고, 다행히 많은 사진 자료가 있었다.

19세기 말 처음으로 취미 사진이 유행했을 때 아마추어 사진가들은 옛 거리로 몰려가 사진을 찍었다. 당시에 이미 할렘으로 변해 있었다고 한다. 낡은 것은 쉽게 사진가들의 소재가 된다. 그때나 지금이나 취미 사진가들의 취미는 비슷하다. 그 자료와 사진들은 옛 거리에 있는 '재건박물관'에 가면 볼 수 있다.

사진에 기초해 옛 거리를 열심히 복원했지만 다른 것도 많다. 어떤 건물들은 앞모습은 예전 그대로인데 뒷모습이나 안쪽은 현대식이다. 옛 거리의 광장 주변에는 작고 예쁘장한 건물들이 옹기종기 모여 있다. 겉에서 보기에는 여러 채인데 안쪽은 하나로 통해 있기도 하다.

한낮의 햇빛이 가득한 작은 광장에 서서 다시 만들어진 건물들을 바라보고 있었다. 희한하다. 그림이나 사진만 도시를 묘사하고 있는 것이 아니라, 지금의 도시가 옛 도시를 묘사하고 있다. 말하자면 도시 자체가 이미지다. 실제의 도시에 서 있는 것이 아니라 마치 사진 안에 혹은 그림 안에 들어와 있는 것 같은 느낌이다.

한 도시가 자신의 이미지를 만들었고 만들어가고 있다는 생각을 한 것이 이번 처음은 아니다. 여행을 하면서 많은 나라와 도시의 이미지가 만들어진 것, 특히 아주 가까운 과거에 만들어진 것임을 알고 놀라기도 했다.

바르샤바의 이미지는 지금도 만들어지고 있는 듯하다. 몇 개의 여행책은 바르샤바의 상징이 칼을 든 인어라고 말하고 있다. 옛 도심의 광장 가운데에 칼과 방패를 든 인어상이 있고 강변을 따라가면 두 개의 인어상을 더 볼 수 있다. 물론 관광객을 위한 기념품점에도 있다. 하지만 왠지 도시의 상징이라고 하기에는 도시에 스며들어 있는 것처럼 보이지 않는다. 일본에서 셀 수 없이 볼 수 있는 벚꽃이나 후지산의 문양과는 양상이 다르다. 내 감이 또 한 번 삐딱한 의심의 신호를 보내왔다.

역시나 다른 설을 찾을 수 있었다. 폴란드 친구가 '뭐, 아는 사람은 아는 이야기야'라는 말투로 이야기해주었다. 원래는 다리가 달린 다른 동물이었는데 누군가 그것을 옮겨 그리는 과정에서 인어로 변형되었다는 것이다. 나는 옛 거리의 성당의 문 장식에서 그 다리 달린 동물을 우연히 발견했다. 우연이라 해도 너무 찾기 쉬운 곳이었다. 사람의 상반신에 새의 다리와 날개, 사자의 꼬리가 있는 동물이었다. 언젠가부터 사람들은 이 동물을 인어로 바꾸고 그것을 도시의 상징으로 만들고 있다는 설의 증거였다.

그렇다면 관광 안내서에 나오는 이런 구절, '원래 세상에는 세 명

의 인어가 있었는데 하나는 덴마크로 가서 인어공주가 되고, 하나는 바르샤바로 왔고…' 하는 말은 뭘까? 덴마크의 인어공주는 안데르센이 지어낸 이야기 아닌가? 이미지는 관광과 관광객들이 원하기 때문에 만들어진다.

더 흥미로웠던 것은 바르샤바 복원에 대한 뒷이야기였다. 원래 이런 뒷이야기가 재미있는 법이다. 바르샤바의 옛 거리를 재건하기 위해서는 옛날 방식의 벽돌이 많이 필요했다. 재건 담당 관청은 벽돌 공장을 지었다. 하지만 필요한 벽돌이 너무 많았다. 짧은 시간에 도시를 재건하기에 공장의 생산능력은 부족했다. 결국 전쟁의 피해를 입지 않은 작은 마을들의 옛 건물을 부수기로 했다. 수천 대의 트럭이 그 벽돌과 자재를 바르샤바로 실어 날랐다. 한때 아름다웠던 마을들의 작은 광장 주변에는 지금 콘크리트 건물들만 둘러서 있다.

바르샤바의 옛 거리는 유네스코 세계문화유산의 리스트에 올라 있다. 옛 도심이 너무나 아름다워서만은 아닌 것이 분명하다. 그보다는, 한 번 사라졌던 도시를 이렇게 완전히 재건하는 일은 또 다시 없을 사건이기 때문이다. 유네스코의 리스트에 오른 것은 옛 도심만이 아니다. 이 거리를 재건하면서 모았던 자료들 역시 세계문화유산이 되었다. 유네스코가 보존해야 한다고 결정한 것은 옛 거리만이 아니라 그 '재건'이라는 사건이다.

폴란드 국민들의 어떤 의지와 집착이 도시를 다시 세웠다. 나는 그 폴란드 사람들의 광기에 가까운 무모함에서 오히려 전쟁의 비참함을 읽을 수 있었다. 얼마나 한이 맺혔으면 전쟁이 끝나자마자 도시 하나를 다시 세워냈을까? 그것은 바르샤바 시내 보도블록 위에 굵게 그어져 있는 옛 유태인 게토(유태인 격리 구역)의 표시보다, 나치가 폴란드 사람들을 처형했던 벽(시내 버스정류장 옆에 있다)보다, 어떤 박물관의 사진보다 더 강렬하게 내 마음을 울렸다.

우리는 여행 초반에 방문한 브라질의 수도 브라질리아가 생각났다. 브라질은 새로운 세상을 위해서 아무것도 없는 땅 위에 브라질리아라는 도시 하나를 새로 만드는 계획을 실현시켰다. 이 역시 유네스코의 세계문화유산 리스트에 올랐다. 브라질이 새 도시를 만들었다면 폴란드는 옛 도시를 복원했다.

바르샤바는 흥미로운 도시다. 코페르니쿠스와 쇼팽의 도시, 세계적인 재즈 강국 폴란드의 수도에서는 하루에도 몇 개씩 공짜 연주회가 열렸다. 또 예쁜 카페들은 얼마나 많은지…. 다시 가고 싶은 도시 몇 개 중 하나다. /채

슬로바키아의 수도 브라티슬라바는 작고 아름다운 도시다.
세계의 가보고 싶은 서점 – 누가 정한 것인지는 모르겠으나 –
베스트 10 중 두 개가 이곳에 있다. 작은 클럽들에서는 미남 미녀들이 춤을 추고 있었다.

폴란드 크라쿠프는 아우슈비츠로 가는 길목에 있는데,
이곳만으로도 방문할 가치가 있었다.
우리가 갔을 때는 재즈 축제와 거리극 축제, 만화 축제가 동시에 열렸다!
광장을 둘러싼 재즈클럽의 아무 데나 들어가서 공연을 보다 나오면,
광장 위 하늘에서는 무용이 펼쳐지고 있었다.
그러고 보니 바캉스 기간에 여행하는 것이 나쁜 것만은 아니었다.

─────── # 집시와 자유

　　　"인간의 삶에서 자신을 위해 자유를 얼마나 획득할 수 있는가에 인간의 진정한 기준을 둔다면, 집시들이야말로 진정한 인간이다."

세르비아계 영화감독 알렉산드르 페트로비치는 세르비아에 사는 집시들을 영화에 담은 후 이렇게 말했다. 서남준 씨의 책에서 인용했다. 우리 부부는 칠레에서 집시들을 만났다. 그리고 그때부터 집시의 고향에서 다시 그들을 만나길 기대했다.

폴란드 바르샤바의 기차역에서 가방을 등에 지고 어깨에 메고 큰 트렁크를 끌며 기차의 좁은 통로를 올라가는데, 주머니 쪽에서 뭔가가 느껴졌다. 순간적으로 나는 주머니 쪽을 더듬다가 누군가의 손목을 잡아버리고 말았다. 그 손목은 내 왼쪽 주머니 안에 삼분의 이쯤 들어와 있었다. 아뿔싸, 소매치기의 손을 잡아버리다니! 소매치기가 손을 잡히다니! 우리는 서로 어쩔 줄을 몰라 잠시 그대로 있었다. 슬며시 손을 놓으니 그는 아무 일도 없었다는 듯이 전화를 받는 척하며 기차에서 내려버렸다. 중년의 아저씨였다.

나는 그 순간 그가 집시일지도 모른다는 생각을 했다. 편견이다. 하지만 집시를 만나고 싶다는 기대 때문에 편견을 숨길 수 없었다. 그를 돌아보는 내 표정은 일종의 반가움이었을 것이다. 소매치기 손목을 잡질 않나, 반가운 표정으로 쳐다보질 않나, 그는 나를 뭐라고 생각했을까? 소매치기의 초고수? /채

나의 스페인행

어제 오전 크로아티아 스플릿에서 남편과 싸우고 혼자 짐을 싸 호스텔을 나와버렸다. 터미널에 가기 위해 콜택시를 불러 탔는데, 이 운전사는 아예 미터기를 켜지도 않고 바가지 씌울 작정을 했다. 그냥 내리겠다고 하니, 만 원을 안 내면 안 내려준다고 협박을 한다.

'팅~!'

맑고 경쾌한, 내 머릿속 수류탄의 안전핀 뽑히는 소리가 들렸다. 차는 급브레이크로 길 한복판에 멈춰 섰고, 운전기사는 내 가방을 저쪽 길로 집어 던졌다. 가운뎃손가락을 세우고 몇 마디 을러주니, 내게 다가온다.

"그래, 여자 때리고 자랑스럽게 살아봐라."

몰려든 사람들을 의식했는지 기사는 자기 차로 돌아가 그대로 가버렸다. 터미널까지 걸어가서 공항 가는 리무진 버스표를 샀다. 또 바가지를 썼다. 크로아티아는 이미 대단한 관광지가 되어 있었다.

비행기를 두 번 갈아타고 스페인 공항에 내렸는데 짐이 '또' 안 따라왔다. 일진이 이쯤 되니 이젠 예약한 호텔이 어제 폐업했다고 하는 건 아닐까 초조해하며 숙소를 찾는데, 다행히 '있다'. 그럼 그렇지, 내 일진이. 그런데 숙소는 맞는데 이 동네, 내가 오려 했던 데가 아니다. 한국으로 치자면 난 서울 명동에 갈라고 했는데 판교에 숙소를 예약한 셈이다.

며칠째 짐은 오지 않았다. 담당자와는 연락이 안 된다. 중국인이 하는 작은 구멍가게를 겨우 찾아 구석에서 치약과 칫솔, 여행용 샴푸를 샀다. 유럽의 어느 나라나 일요일에 문을 연 가게는 중국인 가게뿐이다. 저녁에 먹으려고 샐러드를 샀는데 식기를 구할 수 없다. 부러진 선글라스 다리를 씻어서 찍어 먹어야겠다.

모든 걸 포기하고 자려고 누웠는데 리셉션에서 부른다. 총알같이 내려갔는데 항공사 직원은 더 빨리 튀어버리고 트렁크만 덩그러니 있다. 트렁크는 어디서 얼마나 굴렀는지 납작해져 있었다. 새벽 두 시까지 짐들을 다 꺼내 펼쳐놓고 기지개를 펴게 해주었다. 아휴, 이쁜 것들!

이곳 포르투 갈렌떼는 내가 가려 했던 빌바오 시내보다 한적하고 관광객이 없는, 바스크 사람들이 '사는' 동네다. 바스크 말은 스페인의 말과 다르다더니 정말 낯선 말소리가 들린다. 숙소 창가에서 희한한 다리가 보인다. 현재 세계에서 가장 오래된 운반교(Transporter Bridge)라고 한다. 50미터 높이의 다리가 강을 가로지르고, 그 아래로 넓적한 모양의 기차가 줄에 매달려 움직인다. 강 양쪽으로 사람과 차를 실어 나른다. 비효율적인 것 같긴 하지만 어느 쪽에서 둘러보아도 아름답고 우아한 멋이 있다. 물론 유네스코가 뭔가로 지정해놓았다. 다리 위쪽으로 사람들이 건너갈 수 있다는 게 재미있다.

포르투 갈렌떼에서 해안을 따라 조금만 가면 산 세바스티안 해안이 나온다. 물 맑고 모래 고운 아름다운 해변이다. 사람들은 수영복 아랫도리만 입고 있다. 토플리스 차림이다. 처음에는 가슴들이 둥둥 떠다니는 것 같아 눈을 어디에 둘지 몰랐는데, 곧 익숙해진다. 할아버지 할머니들이 많았다. 아침 일찍 접는 의자를 들고 나와서 제일 좋은 자리를 선점하신다. 그러곤 하루 종일 돌처럼 누워서 햇볕을 즐기신다. 어디서나 노인들을 많이 봤는데 모두가 멋쟁이였다. 하루는 옷 가게에 가서 옷 하나를 놓고 고민했다. 예쁘기는 한데 가슴이 너무 많이 파였다. 내가 이 옷을 얼마나 입을 수 있을까? 들었다 놨다 하다가 결국 제자리에 내려놓았는데, 곧 할머니 두 분이 그 옷을 들고 탈의실로 들어가신다. 이건 무슨 상황이냐.

이곳을 찾는 아시안 관광객이 별로 없는지 어르신들은 대놓고 쳐다보고, 젊은이들은 히히덕거리면서 보고, 아이들은 자기네 엄마를 쿡쿡 찌르면서 "미라~! 우나 치까!(저 여자 봐!)" 한다. 동네 개 몇 마리는 와서 냄새를 맡거나 종아리의 간을 보고 간다. 안 짜냐?

아름다운 동네다. 작은 동네의 성당 내부가 이곳이 한때 부유했음을 말한다. 좋은 그림과 목조 장식들이 있었다. 성당 안 관광객은 나뿐이고, 나머지는 다 기도에 열중하는 마을 사람들이었다. 그들 사이에서 누르는 내 셔터 소리가 내게도 거슬렸다. /명

아내와 함께 여행한다는 것

아내와 함께 여행한다는 것은 정말 무모한 도전이었을까? 길을 떠나기 전, 많은 사람들이 우리에게 충고를 겸한 경고를 했다. 세상에 알려진 것은 여행에 성공한 사람들 이야기뿐이지만 실제로는 그것만 있는 것이 아니라고. 많은 커플이 세계일주를 중간에 포기하고 돌아왔단다. 여행만 끝나면 다행이고, 관계마저 끝난 사람들도 적지 않다고 겁을 주었다.

'설마, 우리가?'

우리 부부는 아무런 근거 없는 자신감을 갖고 여행을 시작했다. 그들의 경고가 옳을 수 있다는 생각이 든 것은 그리 오랜 시간이 지나서가 아니었다. 우리는 여행을 시작하자마자 부딪치기 시작했다. 여행을 위해서는 매 순간 뭔가를 결정해야 했는데-아내와 나는 취향이 꽤나 비슷하다고 서로 인정한다. 그럼에도 불구하고-매번 조금씩의 의견 차이가 있었다. 그 조금씩의 차이가 쌓이면 가끔씩 펑 하고 터지곤 했다. 크고 작은 여러 가지 사건이 있었는데, 그중에 가장 상징적인 일은 핀란드의 수도 헬싱키 호스텔에서의 사건이 아니었나 생각한다.

호스텔에는 부엌이 있다. 그 부엌에는 '프리 푸드' 선반이 있는데, 여기에는 먼저 여행을 끝내고 돌아간 여행자들이 남겨둔 공짜 음식 재료들이 있다. 주로 큰 봉지에 든 스파게티 국수나 쌀이 남아 있고, 가끔 통조림이나 라면도 발견되곤 한다. 김빠진 페트병 콜라를 남겨놓고 가는 놈은 착한 게 아니라 바보일 게다. 배고픈 여행자들은 그 공짜 음식들을 기꺼이 나누어 먹었다.

우리가 호스텔에 묵은 지 며칠 되던 날, 저녁 식사를 준비하기 위해 부엌에 들어갔을 때, 나는 또 버릇대로 공짜 음식 선반을 열어보고 통조림 세 개를 발견했다. 참치 통조림 비슷했다. 이게 웬 횡재냐!

그런데 그것이 다툼의 원인이 되었다. 나는 세 개 중 두 개를 먹자고 했고, 아내는 세 개 중 한 개를 먹자고 했다. 다른 여행자를 위해 일부를 남겨놓자는 데는 의견 차이가 없었다. 단지 세 개 중 두 개와 세 개 중 한 개, 그 차이가 문제였다.

별것 아니라고? 언제나 차이는 별것 아닌 것에서 불쑥 나타난다. 그때 이미 여행이 중반을 넘었으므로 우리는 이런 상황에 익숙해 있었다. 서로 치밀어 오르는 한마디를 꾹 참았으나, 그 표정까지 참을 수는 없었다. 이미 서로 상대가 하려는 말을 알고 있었다. 나는 아내에게 왜 조금 더 아끼지 않느냐고 따지고 싶었고, 아내는 내가 또 쪼잔한 구두쇠처럼 군다고 생각했다. 뻔하다. 그녀의 눈빛에 다 보였다. 통조림 세 개 중 두 개와 세 개 중 한 개의 차이. 부부 사이에 존재하는, 영원히 좁혀지지 않을 간격의 상징 아닐까. 나는 이미 집어 든 통조림 두 개 중 하나를 다시 선반 안에 넣고 문을 쾅 닫아버렸다. 그래, 하나만 먹자. 그리고 다음 날, 몰래 하나를 집어서 가방에 넣었다.

아내와 나의 차이는 이렇게 미묘하지만 확실하게, 그리고 끈질기게 확인되었다. 그럴 때마다 한바탕 살풀이를 하고 넘어가곤 했다. 그 살풀이의 최고는 별거, 아니 따로따로 여행이었다.

여행을 시작할 때도 이 점에는 동의했는데, 아내나 나나 항상 같이 다녀야 한다고는 생각하지 않았다. 보고 싶은 것이 다르면 따로 외출하기도 했고, 혼자 이웃 도시를 다녀오기도 했다. 그런데 이번 여행 중 두 번은 규모가 좀 컸다. 한 번은 페루에서였고, 한 번은 크로아티아에서였다. 아내는 혼자서 이스터섬으로 떠났고, 두 번째는 어디 갔는지도 모르게 혼자 호스텔을 떠났다. 며칠 후 페이스북을 보고서야 그녀가 스페인에 갔음을 알 수 있었다.

그녀는 따로 스페인 바스크 지방을 여행했고, 나는 혼자서 크로아티아와 보스니아 헤르체고비나를 여행했다. 유치하게도 헤어진 지 며칠이 지나자 페이스북에 슬슬 화해의 메시지를 올리기 시작했다. 다른 사람이 사진을 찍어줬는데 못 찍는다는 둥, 혼자 밥을 했는데 맛이 없다는 둥. 열흘쯤 후, 우리는 프랑스 파리에서 다시 만났다.

그렇게 화해를 했다곤 해도, 그 이후에 아내와 오순도순 지낼 수 있기만 한 것은 아니었다. 부부간의 차이는 사라지거나 줄어들 수 있는 것처럼 보이지 않았다. 그럴 때는 또 쏟아질 비행깃값 카드 청구서를 생각하면서 참았다. /채

P.S 이 글들의 초고는 여행 중 칼럼 연재를 위해서 쓴 것이다. 이 글을 쓴 다음 날 아침, 호텔 식당에서 프랑스인 부부 레이몽과 자클린을 만났다. 나이를 묻지는 않았지만 60대 중반이 한참 넘어 보이는 초로의 부부였다. 이란의 슈스타라는 곳에서였다. 페르시아 제국의 도시로, 3500년 전에 건설한 옛 사원이 모래 아래 묻혀 있다가 몇십 년 전에 발견되었다. 우리는 갓 쌓은 듯 생생한 모습을 볼 수 있다는 소문에 끌려 그곳으로 갔다. 찾아오는 외국인 관광객이 많지 않은지 호텔 직원들조차 영어를 못하는 시골이다. 이곳을 노부부가 함께 여행하고 있었다.

마침 합석을 한 김에 나는 슬쩍, 부부가 함께 여행하는 것에 대해 이야기를 꺼냈다. 레이몽은 이렇게 답했다.

"혼자 여행하는 것도 좋겠지. 하지만 난 함께 여행하는 것이 더 좋다고 생각해. 같은 것을 봐도 서로 다른 관점으로 보거든. 서로 다른 경험을 하고 그 경험을 함께 나눌 수 있으니 좋은 거지."

그래? 레이몽은 부부가 달라서 더 좋다고 말했다. 레이몽이 이 이야기를 하는 동안 자클린이 처다보고 있었음을 밝힌다.

독일 베를린의 커뮤니케이션 박물관에서는 '감시'에 대한 전시를 하고 있었다.
전시장 입구에서 종이봉투 가면을 하나씩 나누어 주며 프라이버시를 지키라고 했다.
우리는 이 봉투를 뒤집어쓰고 세계 곳곳에서 기념촬영을 할 계획을 세웠으나,
그런 이벤트를 하려면 무척 부지런해야 함을 곧 깨달았다.

우체국 체험기

아내 혼자 지내던 며칠 사이, 스페인 북부 지방 우체국을 찾아갔다가 녹초가 된 이야기를 내게 들려주었다. 아내가 우체국에 들어섰을 때 기다리는 사람들이 대여섯 있었는데, 번호표 뽑는 기계가 없었다. 그렇다고 줄을 선 것도 아니었다. 누군가 우체국에 들어오더니 사람들을 향해 '울티모?' 하고 물었다. 마지막 사람이 누구냐는 것이다. 새로 온 사람은 그 마지막 사람만 쳐다보면서 기다렸다. 실은 쿠바에서도 목격한 장면인데, 줄을 서서 기다리지 않아도 된다는 장점이 있다. 하지만 사람들은 자기 바로 앞사람이 누구인지만을 안다. 이런 점조직이 또 없다. 그러다 누군가 중간에 빠져나가기라도 하면?

아내는 40분쯤 기다린 끝에 창구에 앉아 있는 할머니에게 갔다. 소포를 붙이겠다고 하자 석 장짜리 서류를 내밀었다. 거기서 거기 비슷한 문항의 서류 석 장을 다 써서 할머니에게 주자, 할머니는 아내가 쓴 것을 하나하나 짚어가며 다시 물었다. 확인을 끝낸 그녀는 컴퓨터에 뭔가를 치기 시작했다. 흘깃 보니 종이 서류와 똑같은 서류가 컴퓨터 화면에 떠 있다!

아니, 똑같지 않았다. 컴퓨터답게 물품 목록을 기재하는 창은 선택형이었다. 선택 창을 누르자 물품 목록이 화면 아래로 쭉 펼쳐졌다. 백 개도 넘었는데, 할머니는 그 물품 목록을 A부터 하나씩 소리 내 읽어가기 시작했다. 그런데 문제가 생겼다. 아내가 보낼 물건 중에는 고장 난 카메라의 렌즈가 있었던 것이다. 스페인에서는 아무도 렌즈를 소포로 보내지 않나 보다. 선택 창의 목록에 렌즈가 없다. 우체국 전체가 술렁였다. 직원들이 모두 할머니 자리로 모여 회의를 했다. 다행히도 결론이 났다. '사진 장비'로 하기로.

다음에는 각 물품의 무게가 문제였다. 아니, 문제가 뭔지도 정확히 모르겠다. 무게가 문제였던 듯하다. 또 한참 시간이 흘렀다.

마지막에 빨간색 '입력 완료' 버튼을 누르는 순간, 바로 그 일이 벌어졌다. 너무 전형적이어서 차라리 여행기에는 그런 일 없었다고 꾸며 쓰고 싶어지는 그 일, 컴퓨터가 다운되었다. 아내는 거품을 물고 기절할 뻔했다. 지금까지의 과정을 다시 한 번 똑같이 반복하고 나서야 소포가 접수되었다.

우리는 소포를 받을 일도 있었다. 보낼 때보다 더 골치 아팠다. 우리는 여행 중에 고장 난 카메라를 한국으로 보내 고쳤고, 우리가 찍은 사진 파일을 외장하드에 담아 한국으로 보냈다. 고친 카메라와 백업을 마친 외장하드를 다시 받기로 한 곳이 크로아티아의 수도 자그레브였다. 예약한 호스텔에 메일을 보내 우리보다 먼저 도착할 소포를 받아달라고 부탁도 해놓았다. 우리가 자그레브의 숙소에 도착했을 때 우리를 기다리고 있던 것은, 소포가 아니라 세금을 내라는 고지서였다. 세금이 20만 원이란다. 처남이 한국에서 소포를 보낼 때 전체 가격을 40만 원으로 적은 것을 기준으로 했다. 50퍼센트의 세금이라니! 비싼 것도 문제지만 더 근본적인 문제는 세금의 존재 자체였다. 우리는 우리 물건을 받아 쓰다가 이 나라를 떠날 때 그대로 가지고 나갈 예정이다. 우리가 왜 크로아티아에 세금을 내야 하느냐 말이다.

호스텔 직원을 통역으로 사이에 두고 전화를 한다는 것은 너무 힘들었다. 통역이 왜 자꾸 자기 의견을 말하는 거냐? 나는 담당자를 직접 만나야겠다고 생각했다. 그 사무실은 우리로 치면 이천 물류센터쯤 되는 곳에 있었다. 잘못 가르쳐준 버스를 타고 헤매다 이천 어딘가에서 내렸을 때 폭우가 쏟아지기 시작했다. 물에 빠진 생쥐 꼴로 사무실에 들어섰을 때, 그때가 3시 반이었는데 담당자는 3시까지 근무하고 지금 없다는 대답을 들었다. 데스크의 여직원은 미녀에 친절하기까지 했다. 담당자는 내일 8시에 다시 출근할 것이며 내 메시지를 전해주겠다고 했고, 그와 직접 통화할 수 있는 전화번호를 상냥한 말투로 알려주었다. 내가 아침 내내 붙잡고 씨름하던 그 전화번호였다.

자그레브의 호스텔 직원들은 이리저리 흥분해서 뛰어다니는 우리를 보면서 빨리 포기하는 것이 좋을 것이라고 조언했다. 고분고분 포기하라고? 아니, 우린 한국인이란 말이야!

다음 날 다시 통화한 담당자는 애당초 세금의 옳고 그름을 판단할 수 있는 사람이 아니었다. 그럼, 왜 그렇게 비싼지라도 알고 싶었다. 무게 때문이란다. 내가 영어를 잘못 알아들었을까? 세금이 무게에 따라 부과된다고? 결국 우리는 부당한 세금을 낼 수 없다고 결정하고, 소포를 한국으로 돌려보냈다. 이번에는 한국에서 처남이 열을 받았다. 소포를 반송하는 비용으로 소포를 보내는 비용의 두 배를 내라고 요구했다는 것이다.

아내는 수리한 카메라를 받는 것을 포기했다. 나는 내 외장하드만으로 다시 한 번 소포 받기에 도전하기로 하고, 다음 접선 장소로 이탈리아 로마를 선택했다. 오, 로마! 날짜를 넉넉히 잡고, 이탈리아의 숙소를 결정하고, 숙소에 메일을 보냈다. 우리가 로마에 도착할 때쯤 외장하드도 거기로 오게 조정했다. 역시나, 소포는 오지 않았다. 호스텔 직원에게 전화 좀 해달라고 부탁했다. 이탈리아인 호스텔 직원은 이렇게 답했다.

"전화하나 마나야. 뻔해. 이렇게 답할 걸? 아, 네, 내일 보내드리겠습니다, 하고 말야."

말리는 그를 억지로 설득해가며, '지금 모든 직원이 통화중입니다'라는 이탈리아어 자동응답기와 싸운 끝에 드디어 직원과 통화를 했

다. 우체국의 직원은 이렇게 대
답했다.
"아, 네, 내일 보내드리겠습니
다."
그다음 날, 소포가 왔을까?

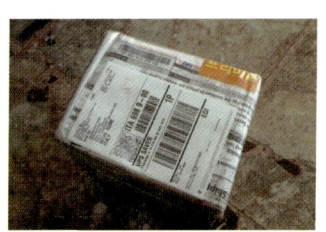

여행을 하면서 말도 안 되는 행정 시스템을 여러 번 만났다. 그때마다
우리를 도와준 것은 사람들의 친절이었다. 낯선 나라에서 쩔쩔매고
있는 여행자들을 도와주겠다는 그들의 마음이 불량한 행정 시스템을
보완하고 있었다.

쿠바에서 기차표를 살 때가 생각난다. 아마도 쿠바의 기차역에서는
잠시 후 도착해 멈춰 섰다가 다시 떠나는 기차의 어떤 자리가 비어 있
는지 미리 알 수 없었던 것 같다. 매표소의 직원은 우리에게 기다리라
는 말만 반복했다. 기차가 역에 도착하자 직원은 기차 차장에게 뛰어
가 어떤 자리가 비었는지 물어보고, 다시 매표소 사무실로 돌아와 우
리의 여권 두 페이지쯤을 무서운 속도로 모두 베껴 써넣어서 기차표
두 장을 만들어주었다.

포르투갈 포르투의 우체국 할머니께도 감사한다. 포르투갈은 이상하
게도 소포의 무게가 2킬로를 넘으면 가격이 급격히 비싸졌다. 우리
소포를 두 개로 나누어 보내면 더 싸진다는 할머니의 무언극에 가까
운 보디랭귀지가 아직도 기억난다. /채

크로아티아의 두브로브니크는 미국 드라마 〈왕좌의 게임〉 촬영지로 또 한 번 유명세를 타고 있었다.
근대 초기에 세워진 이 성곽 도시는 지극히 실용적인 목적으로 만들어졌다.
권력은 교회에 있지 않고, 상인 세력에게 있었다. 도시의 모습이 완전히 다르다.

보스니아 헤르체코비나의 모스타르는 오래된 역사의 도시이자,
발칸 반도의 비극을 대표하는 도시 중 하나다. 국가들이 독립을 하는 동안, 마을 사람들이 둘로 나뉘어
인종 청소라는 이름으로 한쪽이 다른 한쪽을 몰살했다. 곳곳에 그 흔적이 남아 있다.

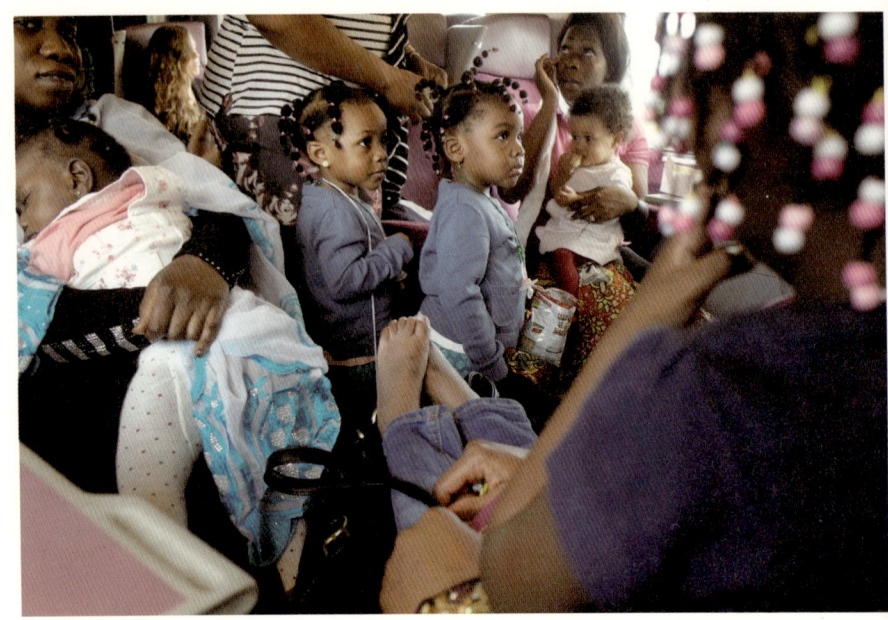

파리에서 이룬으로 가는 테제베 기차 안에서 우리는 아프리카 가족에게 둘러싸였다.
아기가 울자 엄마가 서아프리카식 '곤지곤지 잼잼'으로 어르는데, 그 리듬감이 장난이 아니다.

─────── 노숙을 하다

우리의 계획은 프랑스가 자랑하는 기차 테제베를 타고 스페인 이룬에 6시 20분에 도착, 그로부터 30분 후에 출발하는 포르투갈 리스본행 밤차를 타는 것이었다. 스페인 국경 근처의 이룬은 큰 도시는 아니나, 기차나 버스를 바꿔 타는 갈림길의 도시다. 우리는 파리 몽파르나스역 매표소의 잘생긴 직원이 컴퓨터를 톡톡 두드리며 '기차는 있는데 여기서는 예약이 안 돼. 가서 사면 될 거야'라고 한 말을 믿고 싶었다.

이룬 역에 내리자 바로 우리 눈앞에 리스본행 기차가 서 있었다. 그러나 우리에게 배당될 자리는 없었다. 내일도 내일 모레도. 기차만이 아니라 리스본으로 가는 버스도 모두 매진이었다. 이곳에서 가까운 바닷가 도시에서 큰 축제가 열리기 때문이란다. 바캉스에 축제까지

겹쳤다.

별다른 선택의 여지가 없었다. 우리는 다음 날 아침에 출발하는 마드리드행 기차표를 예약했다. 마드리드에 갈 계획은 없었지만 이렇게 되었으니 마드리드에서 리스본행 차편을 알아보기로 한 것이다. 그래, 오늘 하루 아무 데서나 자지 뭐.

그때까지만 해도 몰랐다. 우리가 정말 '아무 데서나' 자게 될 줄은.

덜덜덜덜 분위기 있는 자갈 포장길 위로 바퀴 달린 백을 끌고 덜덜덜덜 도시를 헤맸다. 걸어서 갈 수 있는 거리의 펜션과 호텔이 모두 만원이다. 일단 배를 채우자며 들어간 중국집의 주인아줌마는 전화번호부를 꺼내 거기 나온 호텔에 모두 전화를 해주었다. 그러고는 우리에게 공감과 위로의 표정을 한껏 지으며 말했다.

"이 도시의 호텔에 모두 전화를 해봤는데, 방이 하나도 없다네. 너네 어떡하냐?"

네 집 아무 방에서나 잘 수 없겠느냐고 해봤지만 안 된단다. 중국 사람들도 외국 땅에서 사는 게 편치 않나 보다.

아까 기차에서 같이 내린 서양 남자애를 자꾸 길에서 만난다.

"어이, 그쪽은 어때?"

"이쪽은 모두 풀이래."

동료 의식을 느끼며 정보를 교환하지만 방법은 안 나온다. 그 녀석은 기차역에서 자겠다고 했다. 우리도 다시 덜덜덜덜 기차역에 갔다. 무섭게 생긴 경비원 왈, 이 작은 도시의 기차역은 12시에 문을 닫는다며 나가란다.

'24시간 맥도날드' 같은 곳도 없다. 내가 겨우 찾아낸 것은 새벽 3시까지 연다는, 은은한 라운지 뮤직을 분위기 있게 깔아주는 바였다. 와인한 잔을 시켜놓고 버텼다. 조는 모습을 보이면 추해 보일까 봐 눈을 감고 음악을 감상하는 척하며. 그런데 이런! 2시 반에 손님이 없다고 문을 닫겠단다. 아까는 3시까지 연다며?

바로 광장 건너에 경찰서가 있단다. 광장 건너에 갔더니 거기는 이를 테면 경찰청이다. 들어갈 틈도 없다. 문을 두드리니 경비가 나와서 지역 경찰한테 가란다. 1킬로미터 밤길을 덜덜덜덜.

이 작은 도시의 치안이 좋은지 지역 경찰서도 밤에 문을 닫고 있다. 이 밤에 문을 두드리는 게 우리가 처음인지 깜짝 놀란 표정의 경찰들이 우르르 몰려나왔다. 길게 신세 설명을 끝낸 우리에게 간단한 답을 한다.

"오케이, 들어와."

내무반에 들어가 자판기에서 우유를 같이 뽑아 먹으며 나머지 경찰들과 인사를 나누었다. 그리고 복도의 소파에서 달게 한숨 잤다.

5시 반. 아까 그 경찰이 우리를 깨운다.

"미안한데, 조금 있으면 우리 보스가 와. 뭐라고 할 것 같아. '여기가 호텔이냐?' 이런다고."

그러면서 보스 성대모사를 했다. 우리는 고맙다고 인사하고 다시 거리로 나왔다. 역이 5시에 연다고 했으니까.

새벽 거리라 덜덜거리는 소리가 더 시끄럽다. 은행 ATM 부스 안에서 잠을 자던 노숙자 아저씨가 슬쩍 고개를 들어 우리를 쳐다본다. 그렇게 좋은 곳이 있었구나.

지난밤 우리랑 인사했던 경찰 한 명이 경찰차를 타고 지나가며 손을 흔든다. 손만 흔든다. 에이, 좀 태워주지.

앞으로 누가 바캉스 시즌에 여행한다고 하면 반드시 말리겠다. /채

P.S 마드리드에서 리스본으로 가는 기차표도 겨우 4일 후의 표를 구했다. 야호!

포르투갈 사람들은 바로크 성당을 짓는데, 이슬람 문명이 전해준 도자기를 응용했다.
'파란 타일'이라고 불리는 이 기법으로 집과 성당을 장식했다.
특히 포르투의 성당들은 화려하기 그지없다.

─────── # 포르투갈 파두와 향수병

폴란드의 바르샤바에서 크라코프로 가는 장거리 버스 안이었던 듯하다. 나는 버스 의자에 비스듬히 기대어 창밖으로 흘러가는 지루한 들판의 모습을 바라보다가 문득 이런 생각을 했다.

'아, 어딘가 여행이나 갔으면 좋겠다.'

아니, 뭐라고? 난 지금 여행 중이잖아! 난 내 머릿속을 흘러간 생각 한 줄기 때문에 당황했다. 나 왜 이러지?

여행은 8개월째에 접어들고 있었다. 북유럽의 몇 나라를 지나 동유럽에 도착했다. 유럽에서 이동이 빨라진 때문인지 피곤이 쌓이고 있었고, 육체적인 피로감은 정신적인 피로감으로 이어졌다. 매일 반복되는 여행의 일과는 말 그대로 또 하나의 일상이 되었다. 기차에서 내려 숙소를 찾아가고, 끼니를 걱정하고, 다시 짐을 싸고, 기차에 오르는 반복은 권태로웠다. 나는 권태로부터 벗어나는 여행을 다시 꿈꾸고 있었다. 꿈속의 꿈이다.

아내도 그 즈음에 '집에 가고 싶다'는 이야기를 꺼냈다. 언젠가부터 비슷한 이야기를 가끔 했는데 그 간격이 점점 좁아지고 있었다. 아내는 '세상 구경하는 것은 좋은데, 떠도는 것이 힘들다'고 했다. 매일 다른 침대에서 자는 것, 매일 아침 다른 침대에서 눈을 뜨는 것이 마음을 불안하게 한 모양이었다. 생활의 공간적인 연속성을 잃어버리는 것은 시간적인 연속성을 잃어버리는 것과도 같았다. 낮잠이라도 자고 일어날 때면 더 했다. '여긴 어디지? 나는 뭐 하는 거지?' 한참을 멍하니 앉아 있었다.

오래전에, 나는 이런 여행을 동경한 적도 있었다. 아무런 계획 없이 여행하다가 집에 가고 싶어졌을 때 집으로 돌아가는 여행. 그런 시간 여유를 동경했던 것이다. 하지만 실제로 겪고 보니 그렇게 낭만적인 상황이 아니었다. 피곤은 훨씬 구체적이고 압도적이었다.

나에게는 오기 비슷한 것이 발동했는데, 이 피곤함의 끝까지 가보고 싶다는 생각이었다. 여행의 고단함이 정점에 이르면 어떤 느낌일까 궁금했다. 마라토너들이 정점을 지나 느끼는 기분과 비슷할까?

그러고 보니 아내와 나는 전혀 다른 말을 하고 있었다. 아내는 집에 가고 싶다고 했고, 나는 더 낯선 곳으로 여행을 가고 싶다고 생각했다. 아내의 문제는 떠도는 일이었고, 나의 문제는 권태였다. 아내는 집을 그리워했고, 나는 안 가본 곳을 동경했다.

얼마 후 우리는 포르투갈에 도착했다. 바다를 바라보는 언덕 마을도 좋았고, 파란 타일로 장식된 바로크 성당들도 눈부셨다. 무엇보다 우리의 마음을 끈 것은 포르투갈의 음악 '파두'였다. 파두 안의 무언가가 우리의 마음을 울렸다.

파두는 스페인의 플라멩코나 아르헨티나의 탱고와 같이 포르투갈을 대표하는 음악이다. 플라멩코, 탱고, 파두 모두가 19세기 후반, 가난한 도시의 골목에서 서민들의 음악으로 태어났다는 점이 비슷하다. 플라멩코나 탱고에서는 춤이 큰 비중을 차지하지만, 파두는 노래로 알려졌다는 점이 다르다. 파두는 리스본의 항구 마을에서 태어났다. 뱃사람들이 모이는 작은 식당에서 부르던 노래였다.

우리는 포르투갈의 리스본에 도착한 다음 날 파두 공연을 찾아갔다. 바리오 알타 동네의 '아 세베라'라는 유명한 식당이었다. 조금 비쌌지만 제대로 된 파두를 듣고 싶어 그곳을 선택했다. 우려했던 대로 식당은 관광객들이 절반 이상을 차지했다. 나이 지긋한 네 명의 가수가 돌아가면서 노래를 부르는 동안, 바로 그 앞에서 쩝쩝거리며 음식을 먹는 서양인들을 때려주고 싶었다. 저 좋은 노래 앞에 경의를 표하지는 못할망정 쩝쩝거리다니 말이다.

가수들이 부르는 파두는 멋졌다. 곡이 좋았고, 노래를 잘했다. 목소리는 개성 있었다. 아내는 노래의 내용도 모르면서 눈물을 흘렸다.

포르투갈은 다른 유럽과 많이 달랐다. 대부분 유럽의 도시들이 오래된 것을 반짝반짝 윤이 나게 닦아놓았다면, 포르투갈의 마을들에는 시간의 먼지가 켜켜이 그대로 쌓여 있었다. 열린 창밖으로 흰 커튼이 날리던 브라가의 거리는 아름다웠다. 항구 도시 포르투는 이미 많은 사람들이 좋아할 테지만, 우리 역시 우리가 여행한 최고의 도시로 포르투를 꼽는다.

우리는 여러 개의 파두 공연을 찾아다녔다. 대학 도시 코임브라의 파두도 좋았고, 리스본 알파마 동네의 파두도 인상적이었다. 파두 음반을 사기 위해 음반 가게도 열심히 뒤졌다.

파두를 공부하다 보니 그것에 배어 있다는 심성 하나를 알게 되었다. 그 감정을 '사우다드'라고 불렀다. 사우다드에 대한 여러 가지 설명이 있었다. 영어로는 번역할 단어가 없다는 둥, '향수'에 가깝지만 더 슬프다는 둥, 한국의 '한'과 비슷하지만 완전히 비슷한 것도 아니라는 둥 무책임한 설명들이 있었다. 포르투갈 사람 아니고는 함부로 알 수 없다, 라는 것이 공통적인 설명의 태도였다.

어떤 음악을 좋아하는 분들은 사랑이 너무 깊은 나머지, 그 음악 안에 신비하고 독특한 감정이 있다는 투로 설명한다. 외부인은 이해할 수 없다고 말하지만 나는 그런 말을 믿지 않는다. 우리가 아는 흑인 영가 중 많은 곡이 포스터라는 백인이 만든 것이고, 가장 유명한 플라멩코 음악 중 하나인 '카르멘'은 프랑스 사람 비제가 만들었다. 문화와 예술은 살아 있어서 움직이고 변화하는 것이다.

그 와중에 내가 이해한 바로는, 파두는 항구의 가난한 뱃사람들과 그 가족들의 생활과 시간 속에서 만들어졌다는 점이다. 사우다드라는 감정은 그리움이면서 동시에 미움이고, 돌아가고 싶은 마음이면서 동시에 떠나고 싶은 마음이라는 표현이 와 닿았다. 그리움과 동시에 미움이고, 돌아가고 싶으면서 동시에 떠나고 싶다니, 우리 부부와 우리 여행의 이야기인가?

포르투갈을 여행하는 동안 아내의 '집에 가고 싶다'는 말이 사그라졌다. 왜인지는 모르겠다. 우리가 방문한 곳들이 모두 아름다웠기 때문일 수도 있고, 조금 짰지만 포르투갈 음식이 맛있었기 때문일 수도 있다. 문어 국밥이나 조개 죽은 아마 그곳 사람들의 소울 푸드일 게다. 그리고 그들의 음악이 있었다. 우리는 우리 멋대로 파두의 사우다드에 공감해버렸다. 우리의 고향에 대한 향수와 떠남에의 동경은 그만큼 절실했다. 공감은 우리를 위로해주었다.

리스본 알파마 동네에서 찾아간 작은 파두 식당은 가족이 운영하는 곳이었다. 젊은 여성이 무대로 나오기에 약간 걱정했는데-무대라 해봤자 식당 한쪽에 기타 연주자들의 의자가 두 개 놓여 있을 뿐이다-그녀는 우리가 본 공연 중에서 최고의 노래를 들려주었다. 아니, 최고는 그녀의 노래에 화음을 넣던 식당 주인아저씨였다. 음식을 나르며 분주히 오가던 아저씨는 자기 순서가 되자 식당 한쪽 냉장고에 기대어 서서 노래를 불렀다. 기막힌 목소리였다. 다음에는 문 앞에서 안내를 하던 젊은 청년이 무대에 올랐다. 솔직히 그는 좀 별로였다. /채

리스본의 '아 세베라' 식당에서 파두 공연이 열렸다.
세베라는 파두 가수의 이름이다.
파두 연주에는 왼편의 악사가 들고 있는 '기타라'라는 악기가 사용된다.

포르투는 증류주를 넣어 알코올 도수를 높인 강화 와인으로도 유명한 곳이다.
강 한쪽에 와이너리들이 있어 시음도 할 수 있다.
우리는 와인보다 강가에 누워 보이는 언덕 마을의 풍경이 더 좋았다.

포르투갈의 옛 종교 도시 브라가에서 우리는 예상하지 못했던 훌륭한 숙소에 묵었다.
오래된 저택을 개조한 집이었다. 오래되고 낡았으나
옛 영화와 품격을 지킨 도시에 걸맞는 숙소였다.

——————— 로마에서 바로크를 보다

로마의 '빌라 파르네시나'의 방들은 벽화로 가득 차 있었다. 로마의 미술관은 여러 개의 건물로 나뉘어 시내 여기저기에 흩어져 있다. 건물 자체가 미술품이기도 하고, 그 미술품인 건물의 벽과 천장에 그려진 그림들 때문이기도 하다. 한곳으로 모을 수 없는 미술품들이다. 덕분에 로마에서는 여기저기 흩어져 있는 옛 성당과 저택들을 찾아다녀야 했는데, 파르네시나 저택도 그중 하나였다.

로마에서 많은 벽화와 천장화를 보았지만, 이 빌라 파르네시나의 벽화는 독특했다. 어떤 방은 언뜻 커튼으로 둘러쳐 있는 것처럼 보였는데, 실은 모두 벽화였다. 커튼 자락이 흔들리는 모습까지 교묘하게 그려 보는 이의 눈을 속이고 있었다.

이 건물의 많은 그림이 눈속임 그림이었다. 그림에서 걸어 나오는 신

화 속 인물들의 모습은 점잖은 편이다. 제
일 흥미로운 것은 2층의 큰 방이었는데, 이
방은 유리창을 제외한 모든 면에 기둥이 있
는 듯 그려졌다. 마치 기둥으로 둘러싸인
공간 안에서 기둥 사이로 바깥 풍경을 보는
듯했다.

우리는 이 눈속임 그림이 가장 그럴듯하게
보이는 자리가 어디인지 찾아보았다. 원래 이런 눈속임 그림은 시점
하나를 기준으로 그리기 때문에 그 위치에서 보는 것이 가장 멋진 법
이다. 창 쪽에서 보는 것이 자연스러웠다. 여러 개의 기둥과 발코니,
바깥 풍경이 교묘하게 진짜처럼 보인다. 그런데 우리가 찾은 기준점
자리가 방의 가운데에서 약간 왼쪽으로 치우쳐 있다.

'어, 이상하다. 기준의 위치가 왜 한가운데가 아니지?'

뭔가가 있다는 생각이 번뜩 들었다. 화가의 의도였을 텐데, 무슨 꿍꿍
이였을까?

유명한 산 티냐치오 성당을 가본 다음에 화가의 불순한 의도에 대한
확신이 들었다. 산 티냐치오 성당이 유명한 이유는 최고의 바로크 천
장화를 가지고 있기 때문이다. 눈속임 그림이다. 성당 한가운데서 천
장을 올려다보면, 천장 대들보가 아니라 하늘로 올라가고 있는 천사
들이 보인다. 벽기둥들은 하늘을 향해 뻗어 있고, 구름 위에는 천사들
이 날고 있다. 그런데 역시 이 천장화가 완벽하게 보이는 자리는 한

곳뿐이다. 성당 한가운데 자리 외에서는 비율이 맞지 않는 이상한 그림으로 보일 뿐이다. 교회 내부가 어그러져 보인다.

로마에 오기 전, 미술책에서 이 천장화를 몇 번 봤다. 모든 미술책들은 이 천장화를 사진 한 장으로 보여주면서 천장화가 가장 그럴 듯하게 보이는 장면을 보여준다. 이렇게 일그러진 모습을 보는 것은 처음이다. 신도를 위한 긴 의자의 아무 데나 앉아서 일그러진 그림을 한참 바라보았다. 당시의 화가들은 어떤 생각을 했을까?

오래전, 빌라 파르네시나에 사람들이 드나들고 그 넓은 방에서 파티가 열렸을 때를 상상해보았다. 주인이나 초대된 높은 손님이 파티의 기준 자리에 섰을 게다. 파르네시나의 벽화 역시 기준 자리를 제외한 나머지 모든 자리에서 일그러져 보인다. 대부분의 사람들에게 이 방은 일그러진 그림이 그려진 방일 뿐이었다. 화가의 자리는 어디였을까? 아마 그 시절 화가의 자리는 중심에서 한참 떨어진 곳이었을 것이다. 화가는 그림을 그려놓고도 자신이 그린 그림이 제대로 보이는 자리에 서지 못했다. 그는 자기 그림의 일그러진 모습만을 보았다.

때는 중세 종교의 시대가 끝나고 인간의 시대가 시작되는 시기였다. 예술가의 자의식이 커가던 시기이기도 했다. 물론 현대인만 하지는 않았겠지만, 그때의 예술가들도 불안을 느꼈을 법하다. 정체를 알 수 없는 불안함. 그 불안이 작품에 나타났을 것은 분명하다.

이 빌라 파르네시나는 이탈리아의 건축가 발다사레 페루치가 1500년대 초에 지은 건물이다. 벽화도 그가 그렸다. 눈속임 그림이 이후

크게 유행하는데, 눈속임 그림들 중에선 이 벽화가 초기에 속한다. 페루치가 이 건물을 지은 얼마 후 로마에서 새로운 건축의 흐름이 탄생하는데, 그 흐름은 '바로크' 양식이라고 불린다.

바로크라는 말은 '일그러진 진주'라는 뜻의 포르투갈어다. 미술사가들은 바로크의 이상하고 불규칙적이며 균형 잡히지 않은 특성을 지칭한 것이라고 말했다. 후세 사람들이 비웃으며 붙인 이름이다.

조금만 더 설명해보자. 로마의 바로크 양식이 퍼져 나간 데는 정치적인 배경도 있다. 서유럽에서 시작된 종교개혁 운동이 그것이다. 16세기 로마의 가톨릭 교회는 종교개혁 움직임에 대항했다. 종교개혁파들이 소박한 교회를 주장한 것에 대항해, 로마 가톨릭은 자신들의 정당함을 증명하기 위해 더 열심히, 더 화려한 성당들을 지어 나갔다. 그들이 요구한 화려한 건축에 바로크 양식이 맞아 들어갔다.

이런 이야기들은 미술사 책에서 볼 수 있다. 미술사 책이 많은 걸 말해주었지만, 나에게는 여전히 궁금한 것이 남아 있었다.

'교회가 화려한 것을 요구했다 한들, 어떤 작가들은 왜 이상하고 불규칙적이며 균형 잡히지 않는 것들로 빠져들었을까?'

우리 부부는 남미에서 여행을 시작했다. 대부분의 남미 도시는 광장과 성당을 중심으로 이루어져 있다. 이는 16세기 스페인 사람들이 남미를 정복한 후 건설한 도시이기 때문이다. 스페인인들은 광장 한쪽에 성당을 지었는데, 당시의 규범을 따라 바로크 양식으로 지었다. 시간이 지나면서 유럽에서 넘어 온 바로크가 남미의 풍토와 뒤섞였다.

남미 땅의 기운은 대단했다. 남미의 바로크는 화려함과 기괴함의 극치를 보여주는 쪽으로 발전했다. 우리는 남미에서 그 모습을 보고 나서 바로크의 정체가 더욱 궁금해졌다. 유럽의 나라들을 지나 로마에 도착했을 때, 그 처음을 본 것이다.

로마에 원조 바로크 성당들이 있다. 반종교개혁 움직임을 이끈 예수회 교회들이 대표적이다. 눈속임 그림들이 많이 있다. 성당 천장화는 마치 하늘을 향해 열린 듯 그려졌다. 어디까지가 실제 건물이고 어디서부터가 그림인지 알 수 없을 만큼 교묘한 그림들이었다.

그 천장화를 그린 화가들은 그림의 안과 밖을 드나들고 있었다. 그림의 경계를 넘을 때 화가는 어떤 생각을 했을까? 틀을 벗어나는 경험은 화가에게는 자기 분열에 가까운 경험이 아니었을까? 며칠 동안 로마의 바로크 건축물들을 돌아보면서 근대적인 예술가가 탄생하는 과정을 머릿속에 그려보았다. /채

P.S 로마를 탐색하던 어느 날, 한 저택 미술관의 구석진 방에서 카라바조가 그린 나르시스를 보았다. 바로크를 대표하는, 많은 종교화로 유명한, 동시대에 인정을 받지 못한, 삐딱한 성격의 카라바조가 나르시스를 그렸을 줄이야! 물에 비친 자기 모습을 바라보는 나르시스는 누구일까? 근대적인 화가들은 자의식을 드러내기 시작했다.

빌라 파르네시나의 벽화는 마치 기둥을 통해 주변의 풍경이 보이듯이 그려졌다.
기준 자리에서 보면 이 사진처럼 보이지만, 조금만 자리를 벗어나면 찌그러진 벽화가 돼버린다.

고전 미술관의 팬이 돼버린 아내를 위해 오스트리아 빈에 들렀다.
슬로바키아의 브라티슬라바에 묵으면서 유레일패스를 가지고 매일 기차를 탔다.
한 시간 거리다. 사진은 쉔브룬 궁. 아류가 무엇인지 보여준다.

스페인 마드리드를 출발한 야간열차가 리스본에 도착했다.
날이 점점 밝는다. 이층에서 주무신 아저씨가 가방을 정리하고 신발을 신고 있었다.

04
네 번째 대륙

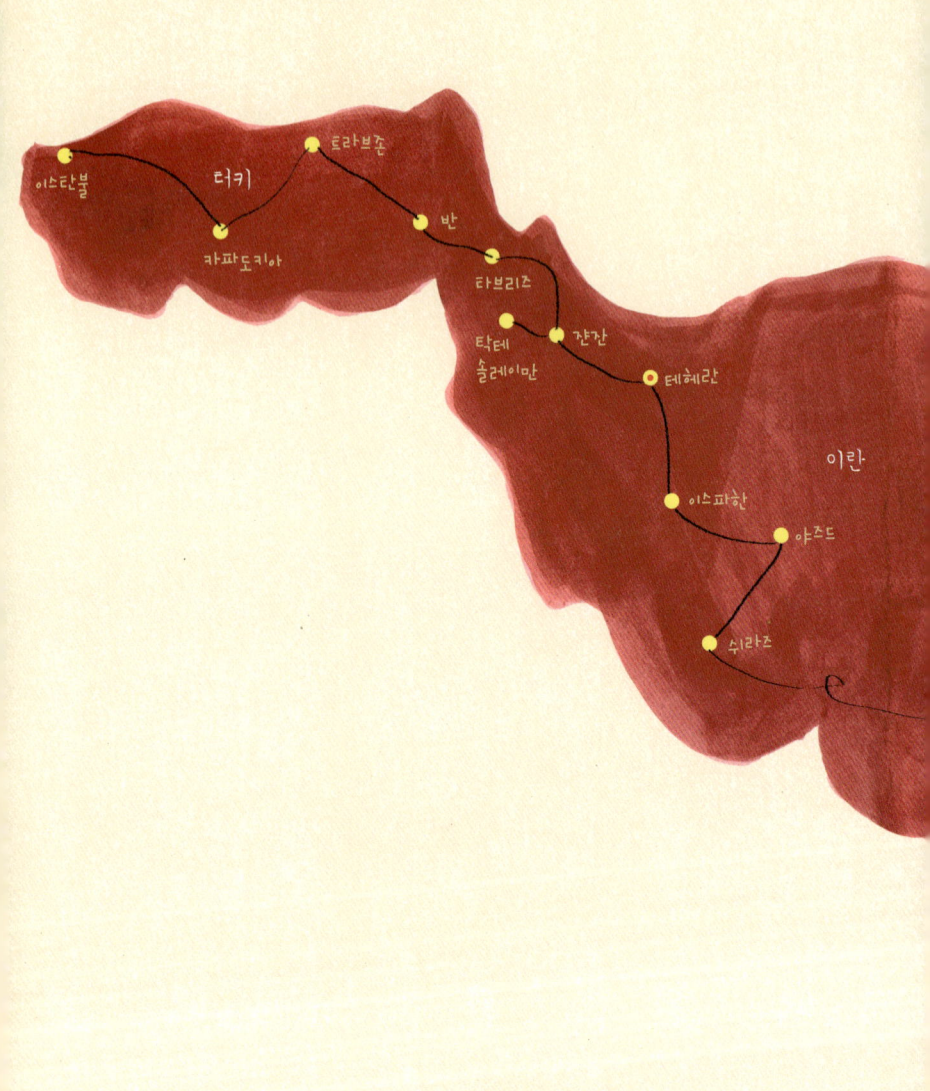

이스탄불

터키

트라브존

파파도키아

반

타브리즈

잔잔

탁테
솔레이만

테헤란

이란

이스파한

야즈드

쉬라즈

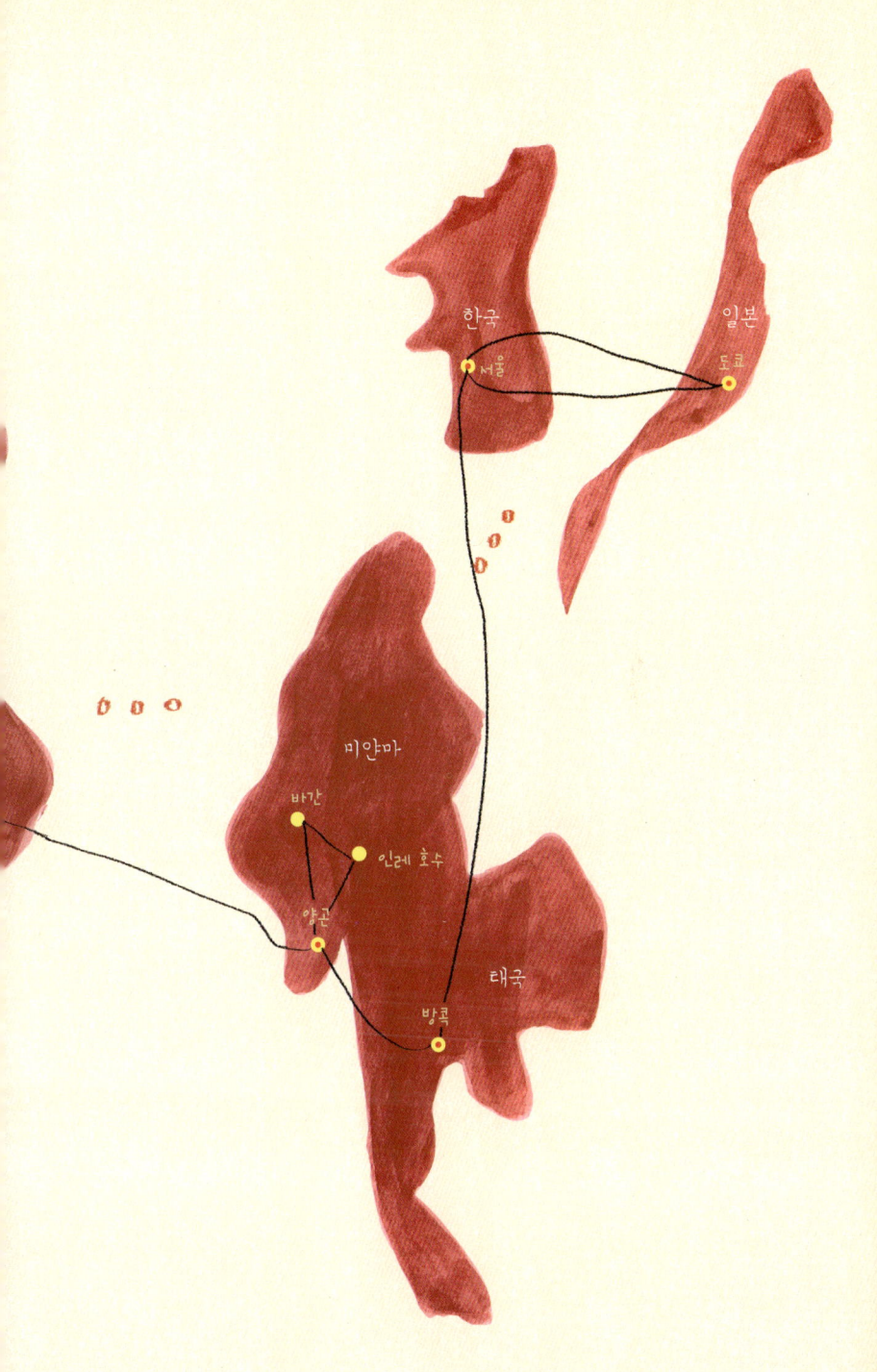

한국
일본

서울
도쿄

미얀마

바간
인레 호수
양곤

태국

방콕

터키 이스탄불의 거리에서 광고판 교체를 하고 있다.
나는 왜 독일의 케밥이 터키의 케밥보다 맛있는지 그것이 궁금하다.
터키의 음식들이 그렇게 훌륭한데도 말이다.

트라브존 외곽에는 5세기쯤 절벽 틈에 지은 수멜라 수도원이 있다.
얼마나 고립되어 있었는지 벽화도 수도사들끼리 돌아가면서 그린 것 같다.
소박한 기독교 성화들이 놀랍다. 터키 사람들이 구경하러 온다.

신기한 터키 전설들

우리는 터키를 여행하면서 신비한 전설 이야기들을 들었다. 정말 신기하다.

첫 번째 이야기는 터키 동부의 악다마르 섬 이야기다. 터키 동부에는 평화로운 호수 반이 있고, 그 호수 안에는 '악다마르'라는 섬이 있다. 10세기쯤 섬의 한쪽에 지어진 아르마니아 정교 교회 건물은 귀한 보물이다.

멀고 먼 옛날, 이 섬에는 아몬드 나무가 가득했는데 섬의 사제들은 외부인이 섬에 들어오는 것을 허락하지 않았다고 한다. 어느 날 수영을 잘하는 청년 하나가 섬에 들어와서는, 아몬드를 따고 있던 젊은 여성과 사랑에 빠졌다. 그녀의 이름은 타마라였다. 타마라 역시 섬의 규칙을 알고 있었다. 타마라는 사제들의 눈을 피해 등불로 신호를 보냈고,

신호를 본 청년이 섬으로 헤엄쳐 와 사랑을 나누었다. 그러던 어느 날 수도원장의 딸이 이 모습을 목격한다. 질투가 난 수도원장의 딸은 수도원장에게 고자질을 한다. 수도원장은 폭풍우가 치는 날, 가짜 등불 신호를 보낸다. 이를 타마라의 부름으로 안 청년은 폭풍우를 뚫고 헤엄을 치다가 그만 파도에 휩쓸려 죽는다. 기력이 다해 죽기 직전 청년은 '아, 타마라!'라고 비명을 지르는데, 이를 들은 타마라가 청년이 죽은 자리로 뛰어들어 같이 죽는다. 그때부터 이 섬은 '아름다운 두 사람의 사랑을 기리기 위해' 청년의 마지막 비명을 따라 '악다마르'로 불리게 된다. 별 이야기 아니라고? 이 이야기가 왜 신비한지는 앞으로 알게 되실 거다.

두 번째 전설 이야기는 카파도키아 지역의 관광 가이드로부터 들은 것이다. 동굴 집들로 유명한 카파도키아는 많은 한국 관광객들이 찾는 곳이다. 카파도키아의 투어 프로그램에는 '으흐랄라'라는 계곡이 포함된다. 이 계곡에도 오래전 사람들이 굴을 파고 살았던 집과 성당들이 남아 있다.

우리를 안내한 가이드 아저씨는 예전에는 이 계곡을 흐르는 물이 꽤 많고 깊었다고 했다. 그러면서 한 편의 전설 이야기를 들려주었다.

"계곡의 한쪽 마을에 젊고 아름다운 처녀가 살았는데 그녀의 이름은 랄라였어요."

눈치 빠른 분이라면 이미 다음 이야기를 짐작할 것이다. 강물의 반대편에 사는 청년과 둘은 사랑에 빠진다. 랄라가 신호를 보내면, 청년이

강물을 헤엄쳐 건너가 만나곤 했다. 그러다 이를 반대하는 랄라의 아버지가 가짜 신호를 보낸다. 청년은 물에 빠져 죽는데, 힘이 빠져 물을 들이켜면서도 마지막까지 그녀의 이름을 부른다. "으흐, 랄라. 으흐, 랄라." 그래서 그 이후 이 계곡의 이름이 '으흐랄라' 계곡이 되었다는 이야기다.

이쯤 되면 세 번째 이야기가 듣고 싶어지실 게다. 세 번째 이야기의 배경은 이스탄불에 있는 처녀의 탑이다. 이 전설의 주인공이 여신이라는 점만 빼고 나머지 이야기는 위의 것들과 똑같다. 그러니 내용은 말하지 않겠다. 전설은 이 처녀의 탑이 한때 여신의 이름을 따서 불렸다라고 끝맺는다. 지금 그런 이름은 쓰이지 않는다. 그 이유는, 처녀의 탑 건설에 대한 기록이 너무나 확실하게 남아 있기 때문이다.

전설이라고 말해지는 이야기 자체가 허술하다는 것 외에도 세 이야기의 구조가 똑같다는 점은 결국 모두가 엉터리라는 말이다. 시골의 작은 바위 이름이라면 모를까, 한 나라의 지명이 이렇게 엉터리로 설명되어도 괜찮은 건가?

이상한 전설의 궁금함을 그냥 남겨놓은 채 터키를 여행하면서 이런저런 지식들을 주워듣게 되었는데, 그중에 이 전설의 형성 과정을 밝혀줄 만한 것, 이라기보다는 그냥 몇 가지 관련 있을 법한 이야기들이 있었다.

그중 하나는 20세기 초반에 터키어가 개혁을 했다는 점이다. 오스만 투르크 제국에서 터키라는 나라로 바뀌는 근대화의 과정에서 터키는 언어개혁을 한다. 아랍 문자를 빌려다 쓰던 것을 그만두고 라틴 글자로 표기를 한다. 이전의 언어는 죽은 언어가 되었다고 한다. 그래서 사람들이 옛날 말의 의미를 잊어버린 것 아닐까?

당시 근대화를 위해서 터키는 여러 분야에서 꽤 강력한 개혁을 했는데, 그 개혁을 이끈 아타트루크 대통령은 한편에서는 국부로 받들어지고, 다른 한편에서는 비판의 대상이 되기도 한다. 우리는 우연히 국부를 비판하는 과격파 젊은이를 만났는데 혹시 이러다가 우리까지 정보부에 잡혀가는 게 아닐까 겁이 났다. 지금도 터키 인터넷에서 국부를 비판하는 글은 검열당한다고 한다. 유럽연합국들이 터키를 유럽연합에 받아들이지 않으며 대는 핑계 중 하나가 이런 자유의 문제다.

지명의 기원이 불확실한 또 하나의 이유는, 터키 땅에 여러 민족이 살았기 때문일 수도 있다. 악다마르 섬이 있는 반 지역만 해도 아르마니아인들이 살았던 땅이고, 지금은 쿠르드족들이 많이 살고 있다. 터키의 민족 갈등 문제에 대해선 아는 분들은 아실 테다. 지금 남아 있는 지명이 다른 민족의 언어일지도 모른다. – 이런 민족 간의 갈등은 유럽연합이 터키를 반대하는 또 하나의 이유다.

무엇보다 이런 엉터리 이야기는 관광객들이 좋아하기 때문에 만들어진다. 가이드가 직접 말해준 두 번째 이야기를 제외하고 첫 번째와 세 번째 이야기는 여행 가이드북에서 보았다. 둘 다 한국어 가이드북이었다. 왜 한국 가이드북에만 이런 이야기가 실릴까도 궁금하지만, 그냥 넘어가기로 하자. 어디나 관광지에는 이야기들이 넘치는데 유난히 터키에서 어색한 이야기를 많이 들었다.

여행은 장소에 의미를 부여하는 작업이다. 개인의 경험이 의미를 부여하기도 하고, 여럿이서 함께 의미를 만들어가기도 한다. 여럿이 만든 이야기 중에 그런 엉터리 이야기가 포함된다. 엉터리 이야기들이 판치는 것은 아무래도 너무하다.

언젠가부터 카파도키아의 명물이 되어버린 '항아리 케밥'이라는 것이 있다. 누런 토기 항아리에 재료를 담아 익힌 후 항아리째 식탁에 내온다. 종업원이 손님 바로 앞에서 항아리를 깨고, 그 안의 음식을 접시에 부어 먹는 것이 특징이다. 관광객들은 지방의 명물이라니 한 번씩은 먹어본다. 나는 또 궁금해졌다. 깨야만 먹을 수 있는 항아리에 요리 재료는 어떻게 집어넣을까? 실은 항아리 위쪽에 입구가 있다. 그곳을 쿠킹호일로 감싼 후 요리를 한다(처음에는 도기를 완전히 봉한 후 구웠다고 한다). 식당 종업원은 손님 앞에서 그 윗부분을 깬 후 재빨리 치워버린다. 관광객들이 만들어낸 명물 요리다. /채

이스탄불은 한때 기독교 세계의 한쪽 절반이었고, 한때는 유럽을 점령한
이슬람 세력의 중심이었다. 지금도 유럽과 아시아 두 대륙에 걸쳐 있는 도시다.
나는 '하기아 소피아 성당'의 평면도가 정사각형이 아닌 이유가 아직도 궁금하다.

터키, 모래탑이 무너지는 사이

알랭 드 보통은 『무신론자를 위한 종교』에서 종교를 잃어버린 현대인들은 그 대신 가끔 대자연 앞에 설 필요가 있다고 말한다. 자신이 얼마나 보잘것없는 존재인지 깨달아야 한다는 것이다. 우리는 우리 자신을 지나치게 중요하게 생각한다.

그런 점에서 아타카마의 사막도 좋고, 아이슬란드의 황무지 여행도 좋다. 또 터키의 카파도키아도 가볼 만하다. 카파도키아는 오랜 시간에 걸쳐 깎여 만들어진 모래탑들과 그 탑 사이에 굴을 파고 만든 성당과 집들이 유명한 곳이다.

모래탑의 침식은 지금도 진행 중이다. 산이 침식되어 모래탑 하나가 나타나고 무너지기까지 수십만 년이 걸린다고 한다. 그렇게 모래탑이 무너져가는 사이에 잠깐 끼어든 것이 인류의 문명이다. 기독교라는 종교가 탄생하고 사람들이 옮겨 오고 굴을 파 교회를 만들었다. 다른 종교가 교회를 파괴하고, 심지어 한때 잊혀지기도 했다. 지금 관광객들이 몰려와서 오래된 유적이라며 구경하고 사진을 찍고 있지만, 무너지고 있는 모래탑의 입장에서 보자면 찰나의 해프닝일 뿐이다. /채

터키 트라브존은 옛 실크로드의 중요한 도시였다.
이곳에도 하기아 소피아 성당이 있는데,
터키 사람들은 천장화를 가리고 이슬람 사원으로 사용한다.
남아 있는 비잔틴 벽화들은 아주 멋지다.

국경 넘기

한국 사람들의 여권이 범죄자들의 표적이 되는 이유가 있다. 한국인은 비자 심사 없이 갈 수 있는 나라가 많기 때문이다. 브라질 사람들도 자기 나라 여권이 범죄시장에서 고가라고 자랑하는데, 워낙 다양한 인종이 모여 살기 때문에 어떤 얼굴을 가졌든지 브라질 사람이라고 우길 수 있다는 점 때문이다. 미국인들도 비자 심사 없이 많은 나라에 갈 수 있다고 한다. 하지만 국경을 넘으며 도착 비자를 받을 때 가장 많은 수수료를 지불해야 하는 사람도 미국인들이다. 그런 점들을 전부 비교해보자면, 한국인은 여행하기에 아주 좋은 편이다. 우리 부부는 몇 개의 나라를 제외한 대부분의 나라에 비자 심사 없이 방문할 수 있었다. 비자 수수료도 싸다.

비자라는 것은 나라 사이의 상호 협약의 문제이기 때문에 A라는 나라가 B나라 사람들을 쉽게 받아들이지 않는다면, A나라 사람들도 B나라에 쉽게 가지 못한다. 중국이 대표적인 예다. 중국 사람들은 남미의 어느 나라에 가서든 비자 심사를 받아야 하고, 볼리비아에는 아예 가지 못한다. 그럼에도 불구하고 우리는 여행 중에 꽤 많은 중국인 배낭여행자들을 만났다. 지금 중국이 변하고 있는 모습 중 하나다.

이란 입국 비자를 받기 위해서 터키 트라브존에 있는 이란 대사관을 찾아갔을 때, 우연하게도 한국인, 중국인, 일본인이 함께 신청서를 냈다. 대만 남자애와 독일 커플도 함께 있었다. 모두가 다른 취급을 받는 모습을 볼 수 있었다. 독일인들은 등록번호라는 것을 미리 받아왔다. 일본인은 유독 혼자서 열 손가락과 손바닥 전체에 잉크를 묻혀 손도장을 찍어야 했다. 직원이 지문을 찍을 서류를 내밀 때마다 '에에' 하고 일본인 특유의 감탄사를 연발했다. 앞에서 말했지만, 모든 게 거울처럼 서로의 나라를 비추는 문제다.

서류를 신청하면서 수수료를 내야 했는데, 중국과 일본은 1인당 60유로를 내야 했고, 한국인은 30유로씩이었다. 그 일본 녀석 또 '에에' 한다. 대만 남자애는 어떻게 되었냐고? 그건 대만의 문제라기보다는 그 녀석 개인의 문제였다. 녀석은 기다리는 내내 아는 척을 해댔다. '하하! 걱정 마, 여기 비자 받기 아주 쉬워' 하고 큰 소리로 말했다. 내가 대사관 직원이라도 이 녀석에게는 쉽게 안 해줄 거라고 생각했다. 역시나, 이 녀석 혼자 서류 미비를 이유로 퇴짜 맞고 쫓겨났다. 이 날이 금요일이었으므로, 다음 대사관 업무는 3일 후다.

우리 부부가 방문한 나라 중에 비자 심사가 미리 필요한 나라는 이란과 볼리비아, 그리고 미얀마였다. 우리는 페루 리마의 볼리비아 대사관에서 비자를 받을 계획이었다. 희한하게도 그 볼리비아 대사관 직원은 한 번 방문에 한 가지씩만 이야기해주는 재주를 가졌다. 한 번 가면 여행 일정표를 첨부하라고 하고, 다음 날 다시 가면 전체 서류를 복사해서 두 부씩 가져오라고 하는 식이다. 우리는 처음 대사관에 갔을 때 우리 앞의 한국 여성들이 두 번째 퇴짜 맞는 모습을 보고 한 번을 절약했다고 생각했다. 우리는 여행 일정표도 첨부하고 복사까지 해서 두 번째 방문을 했다. 담당 직원은 요건 몰랐지, 하는 표정으로 "오늘 금요일이라 접수는 되지만 비자를 내줄 수는 없어"라고 했다. 금요일이면 일해야 하는 거 아니냐! 볼리비아 비자가 필요하신 분들은 페루의 푸노에서 받으시라. 왜인지는 모르겠으나, 푸노의 볼리비아 영사관의 비자 발급 일처리는 30분 만에 완성된다. 직원들도 아주 친절하다.

국경 넘는 이야기를 하자면 브라질에서 아르헨티나로 가는 이야기를 안 할 수 없다. 국경을 통과하는 데 5시간 반 걸렸다. 뭐, 이런 이야기 하나쯤 여행기에 들어가야 하지 않나. 우리는 브라질과 아르헨티나 국경 사이에서 5시간 반을 보냈다.

브라질에서는 장거리 버스표를 살 때 신분증의 번호를 써넣는데, 이것과 국경을 넘을 때 제시한 신분증이 다른 사람들이 문제였다. 주민등록증으로 표를 사고 여권을 제시한 브라질 사람들 혹은 그 반대, 호스텔 직원이 대신 표를 사준 영국인, 영문 모를 콜롬비아인, 그들의 신분을 확인하느라 5시간 반이 걸렸다. 버스는 국경에 걸린 채로 기다렸고, 우리는 버스를 기다렸다.

혹시 국경에서 허비한 시간을 만회하기 위해 버스 기사가 조금이라도 노력을 하지 않을까 하는 기대는 허사였다. 원래 예정된 18시간보다 5시간 반 늦었고, 거기다 평소에 늦는 만큼 2시간 더 늦어서 25시간 반 만에 우리는 부에노스아이레스에 도착했다.

재미있는 건 버스가 국경에 매어 있는 동안, 무슨 일인지 궁금한 걸 못 참고 들쑤시고 다닌 사람들은 한국인 두 명뿐이었다는 사실이다. 바로 우리였다. 정말 아무도 항의는커녕 궁금해하지도 않았다. 일본인들은 컴퓨터를 꺼내 영화를 봤으며, 프랑스인들은 길에 누워서 맥주를 마셨다. 브라질 사람들은 아무것도 안 하면서도 평안해 보였다. 앞에서 말한 신분증 문제를 정확히 밝혀낸 것은 전적으로 내 아내의 공로였다. 장하다. /채

터키의 반에서 이란의 우르미아로 넘어가는 이 산길에서 들른 휴게소의 이름은 '실크로드'였다.
식당의 음식은 변변치 않았지만, 이름 덕분에 용서해줬다. 이 길을 마르코폴로가 지나갔을까?

이란 자그로스 산 근처에서 겨울을 나기 위해 자리 잡은 유목민 가족을 방문했다.
뒤에 보이는 천막에서 두 부부와 어린 딸들이 함께 산다.

가이드 마흐드의 가족들과 하룻밤을 보냈다. 아침 일찍 아버지가 식사를 하고
그다음에 우리가 먹었다. 난에 염소버터를 발라 먹었는데, 버터에서 달콤한 향이 났다.

이란의 유목민들

이란 여행 한 달 만에 이란 말을 다 배웠다? 그럴 리는 없었다. 그런데도 이란 유목민들이 하는 이야기를 모두 알아들을 수 있을 것 같았다. 유목민 투어에서 만난 그들의 삶은 그 정도로 내게 친숙했다.

대도시 쉬라즈에서 4시간쯤 차로 달려 자그로스 산기슭의 평원에 도착했다. 나를 안내한 가이드 마흐드는 이 부족 출신이다. 나를 데리고 이 텐트 저 텐트로 다니며 구경을 시켜주었다. 모두가 삼촌네거나 친구네였다(유목민들은 가족 단위로 텐트에서 사는데, 가축들이 서로 섞이는 것을 원치 않아 이웃 텐트와의 거리는 매우 멀다. 500미터 혹은 1킬로미터씩. 걸어서 방문하기에는 좀 멀었다). 우리가 언덕 위의 한 텐트에 들어갔을 때, 마흐드가 주인아주머니와 나눴던 이야기는 분명 이런 느낌이었다.

"아줌, 안녕하쇼? 나 왔소."

"어, 왔는감? 앉으소."

"영식이는 어디 갔소?"

"도시 나갔제. 휴대폰 새로 산답갑소."

그들이 전라도 사투리를 쓸 리는 없다. 하지만 그 풍경에는 내 고향의 구수한 사투리가 어울렸다. 우리는 텐트 밑 흙바닥에 깐 양탄자에 알아서 앉았고, 아줌은 원래 하던 일인 듯 홍차를 끓여 가져왔다. 우리는 알아서 차를 따라 마셨다.

가이드 마흐드는 각설탕을 집어 살짝 차에 적신 후 입에 넣었다. 각설탕을 입에 문 채로 찻잔의 홍차를 차받침에 조금씩 따라 마신다. 아시아 대륙의 오래된 차 마시는 방식이다. 차를 마시는 동안 병아리들이 텐트 앞을 오갔고, 파리들이 설탕 주위를 앵앵거리고 날았다. 수줍은 표정의 아이들이 엄마 옆에 꼭 붙어 앉아 신기하게 생긴 동양 아저씨를 관찰한다.

이란에는 150만 명 정도의 유목민이 아직도 유목생활을 하면서 살고 있다. 넓은 이란 땅의 곳곳에 퍼져 있다. 부족의 종류도 다양하다. 이란 땅 출신의 부족들은 물론이고, 오래전 몽골에서 넘어온 사람들과 터키어를 쓰는 터키 부족도 있다.

내가 만난 사람들은 터키 민족 카슈카이족이었다. 여름 동안 이란 남쪽의 도시 쉬라즈 근처에서 살다가 바로 얼마전 겨울 터전으로 옮겨 온 참이다. 자그로스 산 중턱의 이곳은 나무가 거의 없는 황량한 곳인데, 가까이 가서 보면 부드러운 풀이 황무지를 온통 덮고 있다. 늦은 햇빛에 누런 풀들이 황금색으로 빛난다.

이란 말을 알아듣는 내 초능력은 그 다음 방문지에서도 통했다. 이웃 남자들이 모여서 초가집 지붕을 올리고 있었다. 겨울철 우기 동안 가축에게 먹일 사료를 저장하는 창고였다. 흙담과 짚으로 엮은 지붕이 낯설지 않았다. 낡은 지붕 위로 새 지붕을 끌어 올리려니 뭔가 걸리는 모양이었다. 쉽지 않다.

"아, 아재요. 그렇게 하면 안 된다니까요. 내가 할게요."

"그러니까 거기를 밀고, 거기서 당기랑게."

"아참, 비켜보소."

"역시 칠봉이가 힘은 좋구먼."

일을 끝낸 청년들은 능숙한 솜씨로 작업에 사용한 밧줄을 휙휙 정리하고는 오토바이를 타고 각자의 텐트로 돌아갔다.

유목민들이라고 아무 데나 떠도는 것이 아니라는 것을 처음 알았다. 계절에 따라 일정한 장소에 머문다. 겨울이면 항상 이곳으로 돌아오는 것이다. 십여 년 전부터는 여기에 집을 지은 사람들도 있다. 아이들이 다닐 학교 건물도 있다. 유목민들의 생활도 변하고 있었다. 마흐드는 십년 후쯤이면 아무도 유목을 하지 않을지도 모른다고 했다. 많은 가족이 도시로 가 정착했다.

해가 진 후에는 텐트 앞 모닥불 옆에 깐 양탄자에서 저녁을 먹었고,

나를 완전히 무시한 가족 수다가 한동안 계속되었다.

마흐드가 옆 텐트를 향해 뭐라고 소리친다. 몇백 미터 떨어진 옆집인데, 조용한 평원이니 소리치면 다 들린다. 전화가 필요 없다. 잠시 후 친척이라는 남자가 시타르를 들고 건너왔다. 이란의 전통 악기다. 마흐드가 '내가 노래 좀 하지'라며 시타르 반주에 맞춰 한 곡 뽑는다. 아버지가 끼어드신다.

"얘, 나도 한 곡 해보자."

아버지는 비스듬히 양탄자에 기댄 채 멋진 노래 한 곡을 뽑았다.

9시쯤 일찍 잠자리에 들었다. 잠자리는 바로 그 양탄자다. 여자들―어머니와 며느리―은 텐트 안으로 들어가고, 남자들은 모두 텐트 앞에 깐 양탄자 위에 담요를 두 개씩 덮고 누웠다. 밤하늘에 엄청난 별들이 보인다. 새벽 추위에 잠깐 잠이 깼는데, 보름달에 빛나는 하늘은 더 대단했다.

다음 날 아침 5시 반에 일어난 아버지가 먼저 식사를 하고 양들을 몰고 나갔다. 그 후에 나머지 가족이 식사를 했고, 나와 가이드는 다른 텐트를 한 번 더 방문하고 도시로 나왔다. 우리가 나오는 차에 두 사람이 더 탔다. 병원에 갈 일이 있다는 어머니와 어제 일 잘하던 기골장대한 형님이었다. 차가 출발한 지 5분이나 되었을까? 뒷자리에 탄 두 사람이 신음을 하기 시작했다. 차멀미를 한다. 수천 년을 옮겨 다니며 산 사람들이지만 자동차에는 영 익숙해지지 않나 보다. /채

'이스파한은 세상의 절반'이라는 시구가 있다.

택시 운전사가 우리에게 또 한 번 이 시구를 읊어줬다.

이란의 역사로 보면 짧은 왕조였지만 문화에서는 중요한 시기였다.

서양과 동양을 어떻게 연결하고 있었는지 그 흔적이 화려한 건축물들에 남아 있다.

——————— 세련에 대하여

어떤 사람을 보고 그의 행동이 세련됐다 또는 세련되지 못하다고 말할 때, 우리는 그의 무엇을 보는 걸까? 오래전부터 나는 이 문제가 궁금했는데, 그간 대략의 관찰을 통해서 알게 된 것은 그들의 커뮤니케이션, 즉 대화 방식이 중요하다는 점이었다. 대화 방법을 보면 그들이 얼마나 세련되었는지 알 수 있다고 생각한다.

그럼에도 여전히 세련된 것이 좋은 건지, 세련되지 않은 것이 좋은 건지는 모르겠다. 세계여행을 하는 도중 이 세련됨에 대한 고민을 하게 될 때가 종종 있었다. 특히 엉뚱한 대화 방법으로 우리 부부를 괴롭히는 사람들을 만날 때 그랬다.

이란 북동부의 작은 도시 잔잔의 택시 운전사 아저씨가 생각난다. 조로아스터교의 옛 성지 탁테솔레이만-'솔로몬의 왕좌'라는 뜻이나 실

제로 솔로몬 왕과는 관계가 없다-에 다녀오기 위해 우리는 택시와
협상에 나섰다. 택시를 하루 빌리는 것이 탁테솔레이만에 다녀오는
보통의 방법이었는데, 호텔에 콜택시를 부탁하자니 왠지 가격을 비
싸게 부르는 듯했다. 우리는 거리에서 택시와 직접 협상에 나섰다. 우
리는 1부터 10까지 중에서 몇 개를 이란어로 말할 수 있었고, 택시 운
전사는 오케이라고 영어로 말할 수 있었다. 이것이 우리가 쓸 수 있는
협상 수단의 전부였다. 아, 물론 손가락 열 개가 있었다. 협상을 시작
하자 지나가던 아저씨들이 전부 끼어들어서 의견을 보탰다. 길거리
에서 이런 일이 벌어지면 어째서 모두가 평등한 발언권과 심지어 결
정권을 갖는 건지 도무지 알 수가 없다.

잇몸이 다 보이도록 환하게 웃던 우리 택시 운전사 아저씨는, 하루의
여행을 마치고 다시 쟌잔에 우리를 내려주면서 처음 약속과 다르게 2
만 토만을 더 요구했다. 아무런 이유도 없이 아무런 핑계도 아무런 너
스레도 없이 돈을 더 달란다. 물론 그가 이유를 말해도 우리가 못 알
아들었겠지만, 지금까지는 우리가 못 알아듣는다고 말을 아끼거나 하
지 않았던 그였다.

그러면서 손가락을 펴 보였는데 그 손가락의 수는 두 개가 아니라 세
개였다. 2만 토만이라고 하지 않았나? 아마 그 나름대로는 두 번째와
세 번째 손가락을 펴 2를 표시한다고 생각한 듯하다. 한데, 엄지손가
락이 어정쩡하게 펴 있었다. 그는 자신의 엄지손가락에 관심이 없었
지만 보는 사람에게는 3으로 보일 만한 형상이었다. 그 아저씨는 자

기 손가락 신호가 상대에게 어떻게 받아들여지는지 생각하지 않는 듯했다.

1만 토만은 4000원이다. 우리에게 아주 큰돈은 아닐 수 있지만, 그렇다고 돈을 함부로 쓰는 것은 옳은 일이 아니다. 우리는 어느 정도만 더 주기로 하고 나름 흥정을 해보려고 했다. 우선 1만 토만만 더 주겠다며 지폐 하나를 내밀었다. 반응이 없다. 아차, 흥정이란 고도의 대화 방법이다. 이 아저씨는 일관되게 2만 토만을 달라는 말만 반복한다.

정말 이런 경험은 수없이 반복되었다. 우리는 이란의 슈스타라는 작은 도시의 유일한 호텔에서 결혼 피로연을 만났다. 오후부터 호텔 식당에 무대가 만들어지더니 이란 대중음악이 앰프에서 시끄럽게 울리기 시작했다. 이란의 결혼식은 남녀가 나뉘어 이루어진다. 남자들은 남자방에서 물담배를 피우고, 여자들은 다른 방에서 춤을 추고 논다. 여자방의 문이 닫히면 그 안의 여자들 모두가 쓰고 있던 히잡을 벗고, 화려하기 그지없는 외출복을 자랑한다고 한다. 우리는 혹시나 이 결혼식을 볼 수 있을까 은근히 기대가 컸다.

결국 못 봤다. 영어 좀, 아니 조금 통하는 젊은이들이 10시에 시작한다기에 시간 맞춰 갔더니 '아, 결혼식 파티? 10시에 끝났어'라고 친절하게 알려주었다. 언젠가 경험한 듯한 일이 또 벌어지는 데자뷔의 순간이었다. 이 의사 불통은 단지 언어 실력의 문제만은 아니었다.

어느 날 우리는 이란 하늘의 불볕을 견디기가 힘들어 동네 가게로 들어갔다. 주인에게 코카콜라가 있느냐고 물었다. - 천하의 반미 국가

이란에도 코카콜라가 있다. 아이폰 가게도 있다. 주인은 코카콜라가 없다며 미란다가 있으니 그걸 마시란다.

"아니 그건 됐고, 그럼 물 큰 거 한 병 주세요."

주인은 냉장고 아래 칸을 열더니 물을 꺼내면서 코카콜라 큰 병이 있단다. 됐다고 하고 가게를 나오면서 보니 냉장고 바깥쪽에 펩시콜라가 보인다. 엥?

코카콜라를 찾는 손님에게 코카콜라 큰 병도 아니고, 펩시콜라도 아니고, 미란다를 먼저 권하는 이들이 나는 맘에 들었다. 정말이다. 내 생각의 체계가 세계 어디서나 통하는 것은 아니라는 점, 내 사고의 순서가 절대적인 것은 아니라는 것을 알려줘서 좋았다. 하지만 그건 언제나 콜라 같은 문제에서만이다. 콜라가 아니라 버스표나 기차표를 사는 문제라면 신경이 곤두서고 만다.

슈스타의 시외버스 터미널 매표소에서 목적지를 말하고 돈을 지불했는데, 버스표를 주지 않는다. 몇 시에 어디서 버스가 출발하느냐고 물었다. 그런데 직원은 뭘 물어봐도 '싯 다운'이라는 말만 반복했다. 앉아서 기다리면 알려주겠다, 라는 좋은 뜻이었겠지만 내 입장에서는 그게 아니었다. '결혼식은 끝났어' 같은 상황이 또 벌어지면 안 된다. 웃으면서 '싯 다운'이라는 짧은 영어만 반복하는 직원 앞에서 드디어 나는 폭발하고 말았다. 큰소리까지 튀어나왔다. 아내가 나를 걱정한다.

"왜 그래? 상대가 자기 말 못 알아듣는 게 화 나?"

아니, 그런 걸 화내면 안 된다. 대화에 실패했다면 그 책임의 절반은 언제나 나에게 있다. 그런데 화가 난다. 숨길 수가 없다.

"호기심이 많고, 말이 많으며, 부정확하고 어린아이 같다."

19세기 말 조선에 들어와 선교활동을 벌이던 기독교 선교사들은 조선 사람들에 대해 이렇게 평했다. 『문명과 야만』이라는 책은 초기의 선교사들이 조선 사람들에 대해서 기록한 것들을 모아놓은 책이다. 나는 우연하게도 이란 여행을 끝내고 묵었던 호스텔에서 이 책을 봤다. 먼저 다녀간 여행자가 다 읽은 책을 놓고 간 것이다. 이 구절을 읽으면서 내가 이란 사람들에 대해 느꼈던 것과 비슷하다고 생각했다. 이란 사람들, 정말 말이 많다.

그런데 책의 결론은 외부 사람들이, 특히 자신이 더 문명화되어 있다고 자만하는 사람들이 타자를 볼 때 비슷한 평가를 한다는 것이다. 일종의 선입견이다. 혹시 나도 이란에 대해 선입견을 가졌던 걸까? 부정확하고 어린아이 같은 조선인인 내가 이제는 또 다른 남들을 타자로 삼는 것인가? 이란의 경험들을 다시 따져보고 싶지만, 그때 겪은 일들을 생각하면 아직도 머리가 아프다.

조심할 것은 부정적인 판단만이 편견이 아니라는 점이다. '그들은 가난하지만 행복해'라든가 '가난하지만 순박한 사람들이다' 같은 판단도 선입견일 수 있다. 우리는 우리의 경험을 가능한 한 편견 없이 기록하도록 노력해야 한다. 하지만 소리 지르고 싸운 주제에 편견이 없기도 힘들다.

잔잔에서 택시를 대절해 탁테솔레이만으로 가던 길에서, 우리는 지나

가던 마을에 잠깐 차를 세웠다. 사진을 한 장 찍기 위해서였다. 사진
을 찍고 오는데 택시 운전사 아저씨가 저 멀리서 우리를 부른다. 부르
는 쪽으로 가봤더니 소풍을 나온 한 가족이 나무 아래 자리를 깔고 차
를 마시고 있었다. 어서 와서 함께하자고 운전사 아저씨가 밝은 표정
으로 재촉한다. 그가 사람들 사이에 껴 앉아 차를 돌리고 있다. 마침
아는 사람들을 만났나 보다 했다. 역시나 이야기의 시작은 한국 드라
마였고, 끝은 양측의 호구조사였다. 그들은 우리 부부에게 아기가 없
다는 것을 알아냈고, 우리는 택시 운전사가 그들과 모르는 사이라는
것을 알아냈다.

호기심 많고 어린아이 같아 사람 사이에 격이 없는 이란 사람들 덕분
에 우리는 많은 기억을 남겼다. 세련되기 위한 또 하나의 조건은 사람
사이에 거리가 있고, 격이 있다는 것이다. 세련된 것이 좋은 것인지
세련되지 않은 것이 좋은 것인지는 아직도 모르겠다. /채

탁테솔레이만을 보러 가던 길에서 만나 우리를 초대해준 가족들이다.
이란 사람들은 심장이 있는 가슴 위에 손을 대며 인사를 한다. 그 웃음을 잊기는 힘들 듯하다.

─────── 여행자의 인터넷

페루의 호스텔이든 덴마크의 호스텔이든 태국의 호스텔이든 호스텔의 아침 풍경은 비슷했다. 그리고 그 풍경은 우리로 하여금 '여행이란 무엇인가'를 생각하게 했다. 아침 식사 시간, 부엌 식당에 혼자 앉았건 둘이 앉았건 세계 각국에서 온 배낭여행족들이 모두 손에 든 스마트폰을 들여다보고 있다. 간밤에 내가 살던 곳에선 무슨 일이 있었는지, 내 친구들은 뭘 했는지, 무엇보다 내가 어제 저녁 올린 사진에 '좋아요'가 몇 개나 늘어났는지 궁금한 것이다. 떠나겠다고 여기까지 와서 '좋아요' 개수를 세고 있다니! 관계를 여전히 유지하고 있다. 내 기쁨의 근거이기도 했고 실망과 슬픔의 근거이기도 했던 관계들을 고스란히 짊어지고 여기까지 온 것이다. 이것이야말로 불교에서 말하는 집착이 분명하다.

사람마다 원하는 여행이 다르다고 해도, 공통적으로 여행은 떠나는 것에서 시작된다. 특히 우리 부부에게는 떠남이 중요했다. 익숙한 세상으로부터 떠남, 내 관습과 버릇으로부터 벗어나기, 그리고 낯선 것들과의 만남. 이것이 우리가 생각하는 여행이었다. 그러니 인터넷 세상의 SNS 사회적 관계망은 그 반대의 것, 곧 우리의 업이자 번뇌였다. 이란은 페이스북을 사용하지 않을 수 있는 기회였다. 이란 정부가 페이스북과 뉴스 사이트를 포함한 몇 가지를 볼 수 없도록 막아놓은 것이다. 우리는 마침 잘 됐다는 생각을 했다. 귀찮기도 하고, 여행을 혼란스럽게 하는 SNS를 안 하게 됐으니 말이다.

이란은 몇 번의 대규모 시위를 겪었는데, 휴대전화의 힘이 크게 작용했다. 하지만 정부는 그 이유만으로 인터넷을 겁내는 것은 아닌 듯하다. 이란 사람들이 스스로 지키려는 것은 종교가 아닐까 싶다. 종교의 힘은 대단하다. 이란 이라크 전쟁 중에 스스로 목숨을 던진 소년병들 이야기는 무서울 정도다. 친절하고 착한 이란 사람들이라 더 그렇다. 그렇게 한 일주일쯤 SNS를 끊고 지냈을까? 한 일본 친구가 너무나 쉬운 방법을 알려주었다. '오픈 더 도어'라는 앱 하나만 깔면 끝이었다. 정부의 감시망을 뚫고 자연스럽게 페이스북을 쓸 수 있있다. /재

P.S 아무래도 스마트 기기에 지나치게 의존하는 것은 좋지 않다. 어느 날 지도를 펴놓고 길을 찾다가, 손가락 두 개를 지도 위에 대고 지도를 확대하려고 애쓰고 있는 모습을 발견하게 될지도 모른다. 내가 그랬다.

미얀마 바간의 한 돌탑 사원에서 스님이 사진을 찍고 있다.
어느 외국의 스님이다. 그의 태블릿 노트북에 한 가득 부처님이 담겼다.
도에 이르는 방법은 한 가지만은 아닐 테다.

세계일주의 장점

존 러스킨은 19세기에 폭발적으로 늘어나는 기차여행자들을 보면서 이렇게 말했다.

"가만히 앉아 시속 150킬로미터로 여행한다고 해서 우리가 조금이라도 더 튼튼해지거나 행복해지거나 지혜로워지는 것은 아니다. 사람이 아무리 느리게 걸으며 본다고 해도 세상에는 늘 사람이 볼 수 있는 것보다 더 많은 것이 있다."

그의 말이 옳다. 일 년이라는 짧은 시간 동안 지구를 한 바퀴 돌았다는 것은 결코 자랑할 만한 일이 아니다. '일 년 안에 지구를 한 바퀴'라는 설정은 누가 만들어놓은 걸까? 교통비의 문제도 그렇고, 체력 소비를 생각해도 비효율적이다. 여행을 하고 보니 지구를 한 바퀴 돌고 싶다면 더 천천히 움직이는 것이 좋겠다. 한 3년쯤이 좋지 않을까? 그렇지 않고 일 년의 여행을 계획한다면, 어딘가 한 지역만을 이동하는 것도 좋다. 남미는 남미만 일 년을 여행해도 충분히 가치 있는 곳이다.

그렇다면 이번 여행의 장점은 전혀 없는 것일까? 설마, 그렇진 않겠지. 일 년에 지구를 한 바퀴 도는 일의 장점은 무엇이었을까?

우선, 세계일주라는 '타이틀'이 생긴다. 우리 부부는 이런 타이틀 같은 것은 어디에도 쓸모없다고 생각하고 있었고, 무엇보다 우리의 여행이 세계일주라고 하기에는 너무 적은 나라들 - 31개 국 - 을 겨우 지나왔으므로, 여행을 하는 중에나 여행에서 돌아온 후에나 '우리가 세계일주를 했어요'라는 말은 하지 않았다.

하지만 만나는 사람들이 그렇게 말했고, 구구절절 설명하느니 그냥 '세계일주'라고 말하면 말하는 쪽이나 알아듣는 쪽이나 서로 편했다. 그래서 그냥 그렇게 우리 여행을 세계일주라고 부르게 되었다.

무엇보다 진짜 장점은, 세상의 모든 여행이 저마다 갖는 그런 장점이다. 우리 부부가 겪은 모든 경험과 그 경험을 통해 얻은 생각들이 이 여행의 득이었는데, 우리의 경험은 어느 때보다도 진하고 걸쭉했다.

또 다른 장점이라면 '세계를 좀 알게 되었다'는 착각을 할 권리를 얻는 것이다. 이를테면 '한 권으로 읽는 세계 지리' 같은 책을 하룻밤에 읽어버린 느낌하고 비슷한데, 우리가 선택한 책은 체계도 없고 내용도 제멋대로인 엉터리 책이었다. 제멋대로여서 더 재미있었는지도 모르겠다.

여행이 즐거웠던 시간들 중 하나는, 내가 걷는 길을 따라 세계의 문명이 따라 움직이고 있는 것 같다고 느끼는 순간이었다. 문명이라고 해봐야 대단한 건 아니다. 기껏해야 집 지붕 모양이 변한다든가, 화장실이 변한다든가, 악기의 모양이 변한다든가, 음식 조리법이 변하는 걸 알아채는 것 정도인데, 혼자 생각에는 그것이 오래된 역사의 이야기인 듯 느껴졌다.

그다지 대단한 지식은 아니다. 인터넷에서 백과사전을 검색하면 누구나 쉽게 알아낼 수 있는 이야기들이다. 이런 것들을 알기 위해 고생해가며 세계일주를 할 필요는 없다.

여행자에게는 의미가 다르다. 내가 가는 길을 따라 지붕이, 악기가, 음식이 변해가는 것을 알아채면, 내가 지금 가야 할 길을 제대로 가고 있다는 생각이 든다. 밤하늘에서 길잡이별을 발견한 선원이 그렇게 기뻤을 게다. 골목길을 돌면 나타나는 교회의 지붕 모양을 보는 것이 즐겁기 그지없었다. /채

이란식 레슬링 '주르카네' 도장이다. 주르카네는 페르시아 제국에서 전사들을 위한 훈련이었다.
이란이 레슬링 강국인 이유가 있다. 이 도장의 특징은 라이브 연주로 훈련을 지휘한다는 점이다.
오래된 도장의 한쪽 단상에서 마스터가 악기를 연주하며 노래를 한다.

미얀마 바간의 초등학교 학생들이 수업이 시작하기 전에 꽃을 따 모으고 있다.
부처님께 바칠 꽃이다. 아이들에게 꽃을 따는 일은 중요한 하루 일과다.

이란의 유목민 텐트에서 시타라 선율이 흘렀다.
낮 동안 염소를 몰다 돌아온 옆 텐트의 청년이 연주를 했다.
남미에서부터 스페인인이 전한 기타의 가지각색 형태를 보았다. 그 먼 조상을 이란에서 만났다.

미얀마 책임여행

미얀마를 여행하는 동안 우리의 가이드북은 『론리플래닛』 시리즈였다. 보통 그랬듯이, 미얀마 편 최신 버전을 전자책으로 다운로드 받아 컴퓨터에서 봤다. 책의 무게 때문에 종이책을 가지고 다닐 수는 없었다. 우리가 어디로 갈지 우리도 몰랐으므로, 갈 곳이 정해진 후 전자책 가이드북을 다운받는 것이 자연스러운 순서였다. 양곤의 호스텔에 도착했는데, 마침 호스텔 책장에 『론리플래닛』 종이책이 있었다. 침대에 누워 보기에는 역시 종이책이 좋았다. 지도를 확대하기 위해서 손가락 두 개로 지면을 터치하다가 깜짝 놀라는 것이 단점이긴 했다. 편하게 누워서 호스텔의 책을 보다 보니, 내가 다운받은 전자책과 내용이 조금 다른 것을 알게 되었다. 책의 뒷면을 살펴보니 종이책은 11판, 전자책은 12판이었다. 11판은 2011년 12월에 나왔고, 12판은 2014년 6월에 업데이트된 것이다. 그 사이에 미얀마가 많이 바뀌었다. 2014년 판이 나온 후에도 또 바뀐 것이 있었다. 미얀마는 지금 빠른 속도로 바뀌고 있다.

『론리플래닛』 미얀마 편에는 눈에 띄는 것이 하나 있었는데, '책임 있는 여행'이라는 제목의 챕터였다. 다른 나라의 책에는 없던 내용이다. 책임 있는 여행은 '미얀마에 여행을 가는 것이 좋은가? 안 가는 것이 좋은가?'에 대한 질문에서 시작했다. 특히 11판은 이 질문의 비중이 컸다. 당시 미얀마 군부의 인권 탄압 때문이었다. 정부에 반대한다는 이유로 수천 명의 정치범을 가둬놓고 있는 미얀마는 서방 국가들로부터 경제 봉쇄까지 당하고 있었다. '책임 있는 여행'의 챕터 안에서 여행객들은 그들이 쓰는 돈이 정부로 흘러가도 좋은지 토론했다.

미얀마 여행을 가지 말아야 한다고 말하는 측은 여행객들의 돈이 정부로 갈 뿐 아니라, 여행을 가는 것은 미얀마의 군부를 인정하는 것이라는 주장을 했다.

물론 여행책인 『론리플래닛』에는 여행 찬성 측의 의견도 실렸는데, 그들은 정부가 아닌 미얀마 사람들에게 돈이 가도록 할 수 있다고 말했다. 아웅 산 수 치가 속해 있는 민주화 세력 NLD의 입장도 변했다고 했다. 한때 NLD는 외국인들에게 미얀마에 여행 오지 말 것을 요구했었는데, 최근에는 이들도 개별 여행자를 환영하고 있다고 한다.

11판의 『론리플래닛』은 사뭇 진지했다. 배낭여행자들이 어떻게 돈을 써야 그 돈이 군사정부로 가지 않을 수 있는지 여러 가지 방법을 설명하고 있었다. 우선, 대규모 그룹여행을 하지 말고 개별 여행을 할 것을 권했다. 미리 돈을 지불하는 그룹여행일수록 현지 사람들에게 돈이 돌아갈 확률이 적다는 것이다. 식당을 찾거나 기념품을 살 때 가능하면 다양한 가게를 방문하고, 현지인과 직접 접촉할 것을 권하기도 했다.

그뿐만이 아니다. 『론리플래닛』에는 미얀마의 군사정부와 그의 친인척이 경영하는 호텔과 여행사가 밝혀져 있고, 친정부적인 기업들도 소개했다. 더 나아가 정부에 돈이 안 가는 여행 루트를 짜서 소개하기도 했다. 예를 들어 수백 개의 절로 유명한 바간은 그 지역 입구에서 입장료를 내는데, 이 돈은 완전히 정부로 가니까 그것을 피하자는 이야기였다.

다행히 최근 미얀마의 정치적 상황은 나아지고 있다. 2011년에 새 대통령이 선거에 의해 뽑혔고, 2012년에는 아웅 산 수 치를 비롯한 43명의 NLD 후보들이 의회 의석을 차지했다. 서방의 경제 봉쇄도 풀렸다. 『론리플래닛』도 일부 변했다. 12판에선 정부에 돈이 가지 말아야 한다는 문제는 없어졌다. 그럼에도 여행자들이 쓰는 돈이 현지의 주민들에게 가도록 주의해야 함은 변하지 않았다. 어떻게 돈을 써야 하는가는 아직도 책임 있는 여행의 주제였다.

아이들에게 펜이나 사탕을 나누어 주거나 돈을 주는 것은 좋지 않다. 이는 우리 부부가 여행 내내 고민했던 것이기도 했다. 아이들에게 뭔가를 주기 시작하면 이미 다른 여행지에서 많이 본 것처럼 관광객을

따라다니며 손을 벌리는 아이들이 되고 만다. 뭔가 주고 싶으면 학교
나 병원, 종교시설을 찾아가 필요한 것이 무엇인지 묻는 것이 좋다.

우리는 여행 초반 멕시코의 산크리스토발에서 너무 어린아이들이 껌
을 팔거나 구두를 닦는 모습을 보고 놀랐는데, 그때 우리가 본 가장
어린아이는 네 살이었다. 만일 우리가 그 아이에게 돈을 준다면, 아이
의 엄마는 계속해서 아이에게 일을 시킬 것 같았다.

책임 있는 여행이란 이외에도 여러 가지를 생각해봐야 하는 어려운
문제다. 현지의 문화를 존중하는 것도 중요하다. 이란을 여행하는 동
안 유난히 중국 관광객들을 많이 봤다. 그 일부는 꼴불견이었다. 이슬
람교 모스크에서 요염한 포즈로 사진을 찍는 모습이라니.

미얀마의 소수민족들은 아직도 옛날의 모습을 가지고 살고 있는데,
이들을 어떻게 대해야 하는가도 생각해봐야 한다. 인레 호수의 수상
마을들을 돌아보는 투어를 할 때, 우리 보트는 여기저기 관광객이 좋
아할 만한 장소에 멈춰 섰다. 그중에는 옛 방식으로 옷감을 만드는 곳
도 있었고 대장간도 있었다. 그러던 중 한 상점의 귀퉁이에서 목에 금
속 목걸이를 여러 개 차고 있는, 일명 '긴 목 여인'들을 보았다. 할머니
한 분과 두 명의 청소년들이 아무것도 하지 않고 일렬로 앉아 있었다.
원래 이들이 사는 곳은 이 지역이 아니다. 멀리 산 쪽 지역에서 이곳
으로 일자리를 찾아온 것이다. 관광객들의 기념사진의 대상이 되거
나 함께 사진을 찍어주는 것이 그들의 할 일이었다.

나와 일행인 서양 여행객들은 약간 당황한 듯했다. 저들에게 카메라

를 들이대도 될까? 혹시 현지인들을 구경거리로 여기는 행위는 아닐까? 그러면서도 사진 찍기를 참을 수 없었는지 조심스레 그들에게 다가가 셔터를 눌렀다.

나도 비슷했다. 결국 한참 동안 망설이다가 그들에게 말을 걸었다. 아이들은 영어를 조금 할 줄 알았다. 아이들의 이름은 무욱과 무룩이었다. 말을 걸자 아이들의 표정이 아이들답게 밝아졌다.

투어를 마치고도 그들의 모습이 계속 생각났다. 우리가 사진을 찍건 안 찍건, 그들이 상점 귀퉁이에 있는 이유는 이미 우리가 그들을 구경거리로 여겼기 때문이다.

미얀마는 아직 관광산업의 피해가 적은 곳이다. 관광지만 살짝 벗어나면 그들끼리 살고 있는 마을을 볼 수 있어서 좋았다. 앞으로 미얀마는 관광 규모를 점차 늘려갈 듯하다. 미얀마는 어떻게 변할까? 그 변화에 내 책임은 얼마나 될까? /채

미얀마의 거리 곳곳에는 물을 나누어 주는 항아리가 있다.
목마른 사람이면 누구나 먹을 수 있도록 내놓은 것이다.
흙항아리는 물을 시원하게 유지한다.
모양은 다르지만 비슷한 것을 이란에서도 볼 수 있었다.

인레 호수를 돌아보는 보트를 타면, 보트는 이곳저곳 수상 상점들에 관광객들을 내려준다.
한 상점에 미얀마 북부에서 온 파다웅족 소녀 무룩과 무욱이 관광객을 기다리며 앉아 있었다.

——— 마지막 일정

우리가 여행을 끝내기로 계획한 날짜는 12월 초였다. 그런데 11월 초 태국에서, 아내가 조용히 말했다.

"이제 돌아가면 어떨까? 우리 충분히 여행하지 않았어?"

쌓여온 피곤함과 그것을 견디던 인내력의 균형이, 집 가까운 곳에 오면서 무너진 것이다.

쿠바나 페루도 씩씩하게 견딘 아내가 미얀마의 사원에서 항복을 선언했다. 미얀마의 불교 사원에서는 양말까지 벗어야 했는데, 비 내린 후 맨발바닥에 느껴지는 대리석 바닥의 끈적끈적한 악취는 못 견딜 만했다. 아내의 얼굴에 피곤이 쌓여 보였다.

우리는 11월 초에 한국으로 들어왔다. 동남아의 몇 나라를 포기했다. 한데, 이런 종류의 피곤함은 집에 오면 풀리기 마련이다. 그것이 집의 힘이다. 장모님이 해주신 따뜻한 밥을 먹으며 며칠을 쉬고 아내는 힘을 되찾았다. 우리는 일본으로 갔다. 일본발 귀국 비행기 표를 사둔 때문이기도 했다. 여행의 마무리를 일본에서 하고, 12월 초 한국으로 들어오면서 우리의 세계일주는 가까스로 끝을 맺었다. /채

미얀마 양곤의 호스텔 직원들은 20대 초반의 밝고 씩씩한 젊은이들이었다.
한국 드라마를 좋아한다며 한국말로 인사를 했다.
일주일 묵는 동안 우리는 많이 친해졌다. 사진은 스웨다곤 탑.

일본의 서점들

여행의 갈림길에서 내가 어떤 가이드북을 들고 있는 가는 아주 중요하다. 우리는 포르투갈에서 음악책을 가이드북으로 삼은 덕분에 '코임브라'라는 오래된 대학 도시에 갔다. 코임브라는 포르투갈 파두 음악의 또 하나의 중심지라고 불리기 때문이다. 오래된 카페와 언덕을 오르는 계단에서 펼쳐지는 공연들은 멋졌다.

멕시코에서는 건축책 덕분에 테포초틀란이라는 곳에 가보기도 했다. 일반 가이드북에는 조금 더 유명한 테포'츠'틀란이라는 곳이 소개되어 있었다. 우리는 두 도시를 완벽하게 헷갈렸는데도 운 좋게 테포초틀란에 도착했다. 한 번 잘못 보면 엉뚱한 곳에 가지만, 두 번 잘못 보면 제자리로 가나 보다. 그곳의 울트라 바로크 성당은 정말 대단했다. 여행 가이드북들도 개성이 조금씩 달랐다. 영국의 DK 시리즈는 유난히 역사적 건물에 관심이 많다. 우리는 바르샤바에서 가장 오래된 문짝을 보러 갔다. 그 정도는 다행이다. 어떤 가이드북은 쇼핑센터와 싸구려 카페로만 우리를 인도했다.

우리 귀가 얇은 것이 문제다. 신화나 전설을 담은 책을 선택하지 않은 것은 다행이다. 하마터면 피라미드 위에 기어 올라갈 뻔했다.

아내가 일본 여행 가이드북이라며 도서관에서 빌려 온 책들은 일본 서점에 대한 책과 도쿄의 야마노테 지하철 노선에 관한 책이었다. 그 결과 우리는 골목 안의 작은 서점들을 찾아다녔고, 도쿄의 야마노테 선 밖으로 나가보질 못했다.

도쿄에는 유명한 고서점 거리가 두 개 있다. 하나는 와세다 대학교 근처의 거리고, 다른 하나는 간다 지역의 서점가다. 와세다 대학교 쪽에 갔을 때 비가 많이 내렸다. 주택가 골목길을 달리는 한 칸짜리 기차를 타기에는 딱 좋은 날이었다. 붕어빵을 사 먹으며 비 그치기를 기다렸지만, 결국 서점은 많이 보지 못하고 숙소로 돌아왔다. 우리는 사고 싶은 책 몇 권이 있었는데, 다음 날 간다에서는 꼭 사고 싶었다.

아내는 그림책을 전문으로 다룬다는 서점 몇 군데를 지도 위에 표시했다. 간다 골목길에 있는 『나는 고양이로소이다』의 작가 나쓰메 소세키의 기념비 앞에서 기념사진을 한 장 찍고, 지도 위의 점을 찾아갔다. 그림책이 있긴 한데 정리가 엉망이었다. 책꽂이도 아닌 곳에 아무렇게나 쌓여 있는 책들 사이에서 몇 권을 골라 주인에게 가격을 물어보니, 이런! 꽤 비싸다. 새 책일 때의 가격보다도 비싸다.

간다 서점가의 어떤 서점들은 박물관 같았다. 오래된 책들이 유리 진열장 안에 놓여 있다. 세계 그림책의 역사에 등장하는 책의 원본과 그 책을 인쇄한 동판이 나란히 전시되어 있는 것도 보았다. 가격표의 가격은 입이 떡 벌어질 정도다.

우리가 잘못 생각하고 있었다. 고서점가의 서점들은 단순한 중고 서점이 아니다. 이곳에서 책은 시간이 가면서 가치가 떨어지는 물건이 아니었다. 고서점가는 책이라는 작품에 적절한 가격을 매기는 곳이었다.

이런 일이 벌어질 수 있다는 것은 그것을 그 가격에 사는 사람이 있다는 뜻이다. 가격은 책을 파는 사람과 사는 사람 사이에서 결정될 터이다. 책의 가치를 인정하는 사람들이 일본에 이만큼 있다.

모두들 종이 매체의 미래를 걱정하는데 일본은 문제없는 걸까? 일본 지하철 안은 여전히 조용했지만 풍경은 완전히 변했다. 지하철에 앉거나 서서 문고판이나 만화책, 잡지를 펴 들고 있던 사람들의 모습은, 지금은 휴대폰을 들여다보는 사람들로 바뀌었다. 일본도 어쩔 수 없다.

우리가 뉴욕에 있을 때 지하철의 무료 신문에서 뉴욕의 오래된 서점들이 문을 닫고 있다는 기사를 보았다. 그래, 이런 기사는 무료 신문이나 인터넷 뉴스로 보는 것이 딱 알맞다. 유명한 오래된 서점들이 비싼 월세를 못 이기고 문을 닫거나 다른 곳으로 옮겨 간다는 기사였다. 우리가 찾아간 한 서점은 이사 준비를 하고 있었다. 문 앞에, 돈밖에 모르는 건물주를 욕하는 팻말을 크게 붙여놓았다. 책보다 돈이 더 중요하다고 생각하는 건 그 건물주만일까?

아내는 그럼에도 좋은 콘텐츠는 살아남을 것이라는 낙관론을 펼쳤다. 일본의 서점들이 그 예라고 주장했다. 어떤 서점 몇 곳은 책보다 커피를 팔아 장사하는 듯 보였지만, 많은 서점들이 좋은 책들을 골라 소개하느라 애쓰고 있었다. 반드시 구경만 하고 오겠다고 결심했던 우리 부부에게 책을 사게 만들었다.

우리는 여행 중에 세계 여러 곳에서 정말 좋은 서점들을 많이 보았다. 그들이 모두 오래오래 그 자리에 있었으면 좋겠다.

일요일에 도쿄의 한 동네에서 축제가 열린다는 메모가 호스텔 달력에 붙어 있었다. 미나미 센쥬에서 열린 이 작은 축제는 그동안 고생한 신발에게 감사하고 이별의 인사를 전하는 의식이란다. 그 동네에는 예전부터 신발을 만드는 장인들이 많았다. 장인들이 주축이 되어 만든 축제가 40년 동안 이어졌다. 가족들이 비닐봉지나 종이 백을 들고 동네 신사로 줄지어 들어온다. 비닐봉지 안에서 오래 신어 낡은 신발을 꺼낸다. 이미 작은 산을 이룬 신발더미 위에 가져온 신을 조심스럽게 올려놓은 후 가볍게 목례를 한다. 옆 접수대에서 나무 명패에 가족들의 이름을 써넣는다. 오후의 제사 때 이 명패를 불태우며 사람들의 행운을 빈다.

신사 주변의 골목은 장터가 되었다. 국수와 경단을 파는 좌판이 놓이고, 새 신발을 싸게 파는 노점상이 늘어섰다. 인파 사이로 축제 가마가 지나가면서 분위기를 돋운다. 신발 축제답게 축제 가마 역시 거대한 신발 모양이다.

일본에 사는 친구는 일본 축제 장터의 모습이 변하지 않아 좋다고 했다. 아이가 축제에서 하는 놀이와 엄마가 아이였을 때 축제에서 했던 놀이가 같다. 화려함과 상관없이, 오래된 것을 가지고 있는 모습이 좋다. 이 모습을 보고 있으니 일본의 서점들도 그 자리에 오래 있을지 모르겠다는 생각이 들었다. /채

일본의 거리는 언제나 일본답게 보인다.
일본을 볼 때마다 나는 한국이 궁금하다.
한국의 거리는 한국답게 보일까?

도쿄의 미나미 센쥬에서 신발 축제가 열렸다.
마을 사람들이 낡은 신발을 가지고 신사로 모였다.
그동안 잘 신었던, 더 이상 못 신어 이별하는 신발에게 공손하게 절을 한다.
신발 모양의 축제 가마가 동네를 돈다. 즐겁고 진지하다.

에필로그 _ 집에 돌아오다

여행이 끝나간다고 생각될 때쯤, 다시 한국으로 돌아가 생활을 꾸려
야 한다고 생각할 때쯤, 아내는 자개장롱을 방에 놓자고 했다. 내 어
머니는 돌아가시면서 우리에게 자개장롱 세트를 남겨주고 가셨다.
장롱과 문갑, 경대였다. 어머니 짐을 정리하면서, 우리는 자개장롱을
팔아버리려고 했다. 여기저기 많이 알아봤는데, 사겠다는 사람이 없
었다. 하긴 요즘 누가 자개장롱을 쓰겠나. 아파트에는 붙박이장이 있
어서 자개장롱은커녕 장롱이라는 것 자체를 찾는 사람들이 없었다.
크기가 작은 편인 문갑이나 경대는 한식집을 개업할 때 장식용으로
사 간다고들 했다. 그것도 너무 싼 가격을 부르는 바람에 거래는 이루
어지지 않았다. 우리는 장롱들을 창고에 쌓아놓고 여행을 떠났다. 숙
제를 미루어두었다.

여행을 하면서 생각이 바뀌었다. 어느 나라가 멋있어 보인다는 것은 그 나라가 자신의 것을 오랫동안 가지고 있다는 것과 같은 말임을 알 았다. 우리가 봐야 한다며 찾아다닌 것은 그 나라만의 것, 그 나라의 오래된 것에 다름 아니었다.

멋지기 때문에 오래 간직한 것이 아니라, 오래 간직했기 때문에 멋있 는 것이었다. 아내는 음악에 대해서도 비슷한 판결을 내렸다. 사람들 이 오래 좋아하면 그 나라의 음악이 되는 것 같다고. 특히 나이 든 사 람들이 젊었을 때 좋아했던 것을 계속 좋아하면 오래 살아 있는 음악 이 된다. 결국 나이 들수록 잘 놀아야 한다는 게 아내의 결론이었다.

우리는 새로 전셋집을 얻어 집을 꾸미면서, 자개장롱을 가져다가 안 방에 놓았다. 문갑과 경대도 같이 놓았다. 장롱과 침대는 어울리지 않을 것 같았는데, 매트리스만 놓으니 잘 어울렸다.

모든 것이 맘에 들었다. 자개장롱의 문양은 볼수록 좋다. 맘에 들지 않는 장롱을 처분하지 못해 억지로 갖고 사는 것과 정말 맘에 드는 장롱을 놓고 사는 것은 완전히 다른 일이다. 맘에 드는 장롱이 하나 생겼으니, 우리는 여행에서 수백만 원을 번 셈이다.

여행을 끝내고 서울로 돌아왔을 때, 우리에겐 피곤만 남아 있었다. 더 이상 고생 안 해도 된다는 것, 그저 방에서 쉴 수 있다는 것이 좋 았다. 시간이 지나면서 힘들었던 기억이 점점 잊혀갔다. 힘들었던 것은 잊어버리고 좋은 기억만 남았다. 나 혹시 치매인가 걱정이 될 정도다. 이러니까 사람들이 여행을 다시 가는구나 싶다.

시간이 조금 더 지나고 다시 생활을 하다 보니, 우리 생활에 달라진 것이 있었다. 방에서 잠을 자다가 '이 숙소 좋은데, 아침은 주나?'라고 생각했던 때보다 조금 후부터 지금까지 발견된 변화들이다.

우선, 생활비 지출이 줄었다. 엄밀하게 따져보지 않아서 모르겠지만, 적어도 회사를 다닐 때처럼 부장 때문에 열 받아서 한 잔 하는 비용만큼은 줄어들었다. 이런 것을 사회적 비용이라고 하나 보다. 관계를 유지하기 위해 써야 했던 돈이 적어졌다.

뭔가 사들일까 하는 순간에도 멈칫한다. 트렁크 가방 하나씩만 가지고 살았던 때를 생각하면 꼭 사야 할 것이 별로 없다. 솔직히, 뭔가 사는 일은 아직도 재미있다. 가끔은 어떤 이유를 만들어서라도 소비를 하고 싶기도 하다. 그러면서도 내 즐거움이 필요한 물건에서 오는 것이 아니라 소비하는 행위 자체에서 오는 거라면, 그것은 어쩌면 나의 즐거움이 아니라 누군가가 만들어놓은 즐거움일 것이라고 생각한다.

우리는 '내가 원하는 것'과 '남들이 원하는 것'을 구별하기로 했다. 남들이 원하는 것에 들이는 시간과 에너지를 줄이고, 내가 원하는 것을 하는 데 더 많은 것을 쓰면서 살 수 있다는 자신감이 생겼다.

여행 전에는 외식도 자주 했다. 외국처럼 예쁘게 꾸며놓은 식당이며 카페에 가는 것을 즐겼다. 지금 다시 보니, 그중에 가짜가 있는 듯하다. 진짜 외국 음식을 먹어보았다는 잘난 척이 아니다. 그 식당이 파는 것은 음식만이 아니라, 외국 혹은 이국적인 '이미지'라는 뜻이다.

우리는 이미지를 소비하기 위해 돈을 써왔다. 이미지가 필요하다면, 그렇게 전시되고 팔리고 있는 이미지가 아니라 우리만의 세계를 만들어야 한다는 생각이다. 그것이 우리의 '사적인' 세계다.

내가 원하는 것에 집중하고 남들이 원하는 것을 소홀히 할 때 치루는 대가는 남들과 비슷하게 살지 못한다는 점이다. 이를 두려워하지만 않을 수 있다면-세계 여행의 제일 큰 수확은 이 지점, 사람들이 저마다 다르게 사는 모습을 실컷 보고 왔다는 것 아닐까-할 수 있는 것이 많다. 우리는 대도시를 벗어나서 사는 것도 대안으로 남겨놓고 있다. 아기에 대한 생각도 확실해졌다. 이제 우물쭈물 겁내지 않고 우리에게 올 아기를 두 팔 벌려 환영하기로 했다.

여행에서 뭔가를 배웠다고 해야 할까? 아니, '배웠다'는 표현은 정확하지 않을 것 같다. 배운다는 것은 새로운 것을 얻게 되는 것이다. 겨우 일 년의 여행을 하는 동안, 대단하고 새로운 것을 깨닫지는 못했다. 그보다는 우리가 이미 생각하고 있던 것들을 다시 생각할 수 있었다. 그 생각들에 대해 확신이나 자신감 같은 것을 갖게 되었다. 머리로만 알고 있었던 생각들에 대해 누군가 '그래, 너희가 옳아!' 하고 응원이라도 해준 것 같다.

아무래도 제멋대로 세계를 보고 왔기 때문인 듯하다. 자기 보고 싶은 것을 보고, 자기 듣고 싶은 것을 들었다. 엉터리 여행이다.

물론 새로 얻은 것도 있다. 많다. '남들의 상상력에 놀아나지 않는 삶'은 여행 전의 생각이었다면, '사적인 것'에 대한 생각은 칠레의 로이가 던져주었다. '다양성 있는 사회'라는 말보다 훨씬 쉽다. 나 스스로 뭔가 해볼 수 있다는 점에서 그렇다.

알렌이 가르쳐준 저글링도 더 잘하면 좋겠는데, 연습이 영 부족하다. 칠레에서 본 - 또 칠레네! - 어린이들을 위해 연주하던 광대 악단의 모습도 머리에 계속 남아 있다. 남들에게 즐거움을 줄 수 있으면 얼마나 좋을까.

여행하는 동안 그렇게 지겹게 싸우더니, 돌아와서는 싸우는 일이 '거의' 없어졌다. 신기할 뿐이다. - 물론, 시간이 더 지나봐야 알 일이다 - 싸우지 않을 뿐 아니라, 무엇을 할 것이고 무엇을 하지 않을 것인지의 선택에서 둘의 의견이 일치하는 게 더 신기하다. 뭐랄까, 제대로 한 팀이 된 듯하다.

칠레의 쓰나미가 두려워 밤을 새운 날, 이대로 죽기에는 하고 싶은 것이 너무 많다고 생각했던 그날, 그날 생각했던 것들을 하나씩 하기로 했다. 아내는 재봉틀을 하나 샀고, 바이올린을 빌려 왔다. 나는 동네 평생학습관에서 서예를 배운다. 브라질 북을 치는 모임에도 참여하고 있다. 지금 내 역할은 2번 큰북의 보조 연주자다. - 바투카다 팀은 일고여덟 가지의 타악기로 구성된다. 그중에 큰북만 세 종류가 있다. 2번 큰북은 전체 리듬의 중심이 되는 박자를 만든다. 다시 말해, 매 마디의 첫 박에 한 번 '퉁' 하고 울리는 것이다. 아주 단순한 듯 보이는데 실제로 단순하다. 해보면 쉽지 않다. 오랫동안 꾸준하게 초심을 지켜가야 한다.

아내는 이란에서 지내는 내내 히잡을 머리에 쓰고 긴팔 옷을 입어야 했다.
더위도 문제지만, 심리적으로 주눅 드는 경험이었다고 했다.

태국 방콕의 거리에서 직장인들이 점심을 먹고 있다.
방콕 도심의 어마어마한 빌딩들 앞에는 토속신을 모시는 사당이 있다.
건물에서 일하는 회사원들이 저마다 과일이며 주스를 바친다.

미얀마 인레 호수에 있는 '점프하는 고양이' 사원에 들렀는데,
고양이는 더 이상 점프하지 않는다고 했다. 별로 기대도 안 했다.
빨랫줄에 걸린 스님의 옷은 한 장의 천이다.

우리, 왜 일 년이나
세계 여행을 가는 거지?

여_행
관_광
방_랑

펴낸날 초판 1쇄 2015년 9월 1일

지은이 채승우 명유미

펴낸이 임호준
이사 홍헌표
편집장 김소중
책임 편집 장재순 | **편집 1팀** 안진숙 김유경
디자인 왕윤경 김효숙 | **마케팅** 강진수 임한호 강슬기
경영지원 나은혜 박석호 | **e-비즈** 표형원 이용직 김준홍 류헌정

일러스트 명유미 | **인쇄** (주)웰컴피앤피

펴낸곳 북클라우드 | **발행처** (주)헬스조선 | **출판등록** 제2-4324호 2006년 1월 12일
주소 서울특별시 중구 세종대로 21길 30 | **전화** (02) 724-7683 | **팩스** (02) 722-9339

ISBN 979-11-5846-015-0   13980

• 이 도서의 국립중앙도서관 출판예정도서목록(CIP)은 서지정보유통지원시스템 홈페이지(http://seoji.nl.go.kr)와
국가자료공동목록시스템(http://www.nl.go.kr/kolisnet)에서 이용하실 수 있습니다.(CIP제어번호: CIP2015022763)

북클라우드 는 건강한 마음과 아름다운 삶을 생각하는 (주)헬스조선의 출판 브랜드입니다.